AF313862

En publiant ces observations et ces expériences, je n'ai d'autre prétention que d'offrir ma part de contribution à l'étude de l'obscure et complexe question du cancer. L'apport sera modeste, mais il témoignera du moins de ma bonne volonté.

Mon mémoire comprend quatre parties :

Observations ....
{
I. — Cancers et tumeurs chez les bovins.
II. — Quelques cas de cancers et de tumeurs chez différentes espèces animales.

Expériences. ....
{
III. — Essais de transmission du cancer.
IV. — Essais de traitement des plaies cancéreuses par le vésicatoire.

CANCERS ET TUMEURS

CHEZ LES ANIMAUX

OBSERVATIONS & EXPÉRIENCES

PAR

J.-V. DETROYE

Médecin-Vétérinaire de la Ville de Limoges
Lauréat et Correspondant de la Société Centrale de médecine vétérinaire
Lauréat (prix unique) de l'Association des Industriels de France contre les accidents du travail
Lauréat de la Société d'Encouragement pour l'Industrie nationale
Lauréat et Membre de la Société des Agriculteurs de France
Mentions honorables à l'Académie des Sciences et à l'Académie de Médecine
Ex-Président et Membre de la Société de Médecine et de Pharmacie de la Haute-Vienne, etc., etc.

LIMOGES

Imprimerie DUCOURTIEUX & GOUT

7, RUE DES ARÈNES, 7

1905

I

Cancers et Tumeurs chez les Bovins

Sous le nom générique de *cancer* je n'envisage que les trois variétés néoplasiques suivantes, appelées *tumeurs malignes*, en raison de leur tendance à la généralisation et à la récidive : le *sarcome*, le *carcinome* et l'*épithéliome*.

Si l'on s'en rapporte au petit nombre d'observations publiées dans nos périodiques, on peut croire que le cancer est très exceptionnel chez les animaux de l'espèce bovine. Il n'en est rien et cette rareté apparente tient à ce que ces sortes de tumeurs, presque toujours confinées dans les organes splanchniques, sont soustraites à l'observation du praticien, et ce n'est qu'à l'autopsie des sujets qu'elles se révèlent.

Chez l'homme et les carnivores, on rencontre souvent le cancer *ouvert* ou *externe*, tandis que chez les bovins c'est presque toujours au cancer *caché* ou *interne* que l'on a affaire.

J'ai noté *tous* les cas qui se sont présentés dans mon service pendant une période de douze années, de 1890 à 1902. Le nombre en est de 65, dont 61 chez les adultes et 4 sur les veaux de lait ; ce qui donne une proportion, par rapport aux sujets abattus, de 1 pour 1.000 chez les premiers et de 1 pour 50.000 chez les seconds, en chiffres ronds. S'il a pu m'en échapper quelques cas, tout à fait à leur début, ainsi qu'à mon suppléant, pendant mes absences, le nombre doit en être minime.

Sur les 65 observations consignées sur mon registre, 28 ont trait à des cas de *cancer généralisé* ayant envahi la plupart des viscères et l'ensemble du système ganglionnaire, et par conséquent dans lesquels il m'a été impossible de préciser l'origine de la néoplasie, le siège de la tumeur primitive, c'est-à-dire le point de départ de l'infection. Leur publication ne peut guère présenter d'intérêt, car elle m'obligerait à toute une suite de répétitions.

Au contraire, dans les 37 autres cas, auxquels j'en joindrai 10 relevés de 1902 à ce jour, il m'a été facile de déterminer le siège primitif, cela d'autant plus aisément que souvent la tumeur s'est trouvée localisée dans un seul organe, ou si plusieurs étaient atteints, la tumeur primitive se distinguait facilement des néoplasies secondaires.

Je me bornerai donc à relater le plus succinctement possible, afin de ne pas surcharger ce mémoire, ces observations de *cancer primitif*, en suivant l'ordre indiqué dans le tableau ci-dessous, sur lequel il suffit de jeter les yeux pour se rendre compte de la susceptibilité relative et comparée des divers organes à l'infection néoplasique.

A propos des organes circulatoires et nerveux, dans lesquels les tumeurs de nature cancéreuse ne s'observent guère que sous forme de noyaux secondaires, j'ai cru cependant intéressant de dire quelques mots sur certaines tumeurs bénignes, rares, dont l'existence, pour quelques-unes du moins (névromes vrais), est contestée par certains anatomo-pathologistes.

L'étude micrographique a été faite sérieusement dans tous les cas. Il serait oiseux de donner les détails relatifs à chaque observation.

Organes locomoteurs.	Os et muscles	3 cas.
Organes digestifs.	Réseau	1 —
	Caillette	2 —
	Intestin	1 —
	Foie	9 —
	Pancréas	2 —
Organes urinaires.	Reins	4 —
	Vessie	2 —
Organes génitaux.	Testicule	1 —
	Ovaires	2 —
	Utérus	5 —
Organes respiratoires.	Poumon	3 —
Organes à fonctions indéterminées.	Capsules surrénales	12 —
	Rate (c. secondaire).	
Organes circulatoires.	Cœur et vaisseaux sanguins.	
	Ganglions et vaisseaux lymphatiques.	
Organes nerveux.	Nerfs.	

ORGANES LOCOMOTEURS

Os et muscles. — Les néoplasies osseuses autres que celles de nature actinomycosique sont rares (1) et il en est de même de celles des muscles (2).

Observation I (11 décembre 1891). — Vache de six ans, boiteuse et portant à peine le pied postérieur gauche sur le sol. La jambe ne paraît cependant pas amaigrie. La peau étant enlevée, l'aspect général du membre malade diffère peu de celui de son congénère, à part cependant une légère infiltration au-dessus du jarret.

Des incisions de plus en plus profondes montrent les masses musculaires de la cuisse et de la jambe parsemées de tumeurs de volume variable, dont quelques-unes pèsent plus d'un demi kilo. Dans quelques points, la région crurale antérieure principalement, les néoplasies se sont développées dans les interstices musculaires et ont refoulé les muscles en les comprimant. Dans d'autres endroits, les muscles eux-mêmes sont séparés en deux parties par une tumeur volumineuse ; enfin d'autres muscles renferment simplement des noyaux de la grosseur d'une noisette à celle d'une noix. Sur presque toute sa surface le périoste du fémur est transformé en une sorte de manchon néoplasique épais. Il est facile de constater que toutes ces productions ont des âges différents. Quelques-unes, celles du triceps crural notamment, présentent des foyers hémorragiques contenant presque un verre de sang extravasé. Le trou ovalaire est complètement obstrué par une tumeur.

L'infiltration interstitielle est très étendue et en dehors de la région fessière, un peu respectée, tout le reste ne forme, pour ainsi dire, qu'une masse cancéreuse entrecoupée par des filons musculaires. Il va sans dire que tous les ganglions de la région sont profondément atteints et hypertrophiés.

Je ne puis obtenir aucun renseignement sur les antécédents du sujet. L'analyse micrographique a établi la nature *sarcomateuse* de la néoplasie.

Observation II (29 juin 1898). — Il s'agit d'une vache de dix ans qui présente en avant et en dedans de l'épaule gauche une tumeur énorme, ulcérée ouverte, donnant lieu à l'écoulement d'un liquide sanieux séropurulent. Le membre se trouve projeté en dehors par la masse néoplasique sous-brachiale. Les muscles de la région sous-scapulaire sont littéralement transformés, mais l'os lui-même n'est pas atteint. Il existe

---

(1) Morot, *Néoplasies intra-osseuses chez trois bovidés (Bulletin de la Société centrale de médecine vétérinaire, 1890).*

Petit, *Sarcome télangiectasique des côtes chez une vache. (Bull. de la Soc. centr., 1903).*

(2) Hendrick, *Sarcome encéphaloïde de l'ischium et des muscles (Annales de médecine vétérinaire, février 1901).*

plusieurs noyaux disséminés dans les muscles olécraniens. La tumeur ulcérée n'était autre que le ganglion préscapulaire hypertrophié. L'infection a atteint toute la chaine des ganglions cervicaux et médiastinaux. C'est encore un cas de *sarcomatose.*

Observation III (24 mai 1899). — Ce cas se rapporte également à une infiltration sarcomateuse du membre postérieur gauche, mais moins étendue que dans la première observation.

ORGANES DIGESTIFS

Je n'ai rencontré aucun cas de cancer primitif du rumen non plus que du feuillet. Une seule fois j'ai observé une tumeur énorme sur le cardia, avec des noyaux secondaires sur la face supérieure de la panse, mais cette tumeur coïncidait avec la transformation sarcomateuse des ganglions médiastinaux, sous-dorsaux et mésentériques. Ce cas a été compris parmi les observations de cancer généralisé à origine primitive indéterminée.

Réseau. — Il semble que cet organe doit être plus susceptible d'être atteint parce qu'il est davantage exposé aux irritations des corps étrangers déglutis. Néanmoins les exemples de cancer du réseau sont fort rares. Je n'en connais qu'un cas de relaté (1) et je ne l'ai observé moi-même qu'une seule fois (2).

Observation (3 juin 1891). — L'animal faisant l'objet de cette observation est un bœuf de cinq ans que son propriétaire me prie d'examiner avant l'abatage afin de lui faire connaître mon avis. Depuis plus d'un mois le sujet mange peu et dépérit; cependant il est encore bien en chair. Quoique n'ayant pas mangé depuis la veille, son ventre est assez volumineux et évasé. Les mouvements du rumen sont faibles et courts; les crépitations fines et humides. Les parois abdominales sont flasques et légèrement tendues à gauche; elles sont insensibles à la pression saccadée, sauf au niveau de l'épigastre où les secousses imprimées avec le poing semblent importuner l'animal. Les excréments sont rares, mais de consistance normale. Une certaine raideur existe dans la démarche.

En somme, d'une façon générale, les signes sont ceux d'une digestion laborieuse due peut-être à un obstacle mécanique. J'émets l'avis que la gêne de la circulation alimentaire pourrait provenir de la présence d'un corps étranger dans le réseau ou d'une tumeur interceptant ou comprimant le canal alimentaire.

---

(1) Beylot. — *Un cas de cancer du réseau (sarcome encéphaloïde), Revue vétérinaire,* 1891.

(2) Voir au chapitre suivant une 2ᵉ observation toute récente.'

— 5 —

L'autopsie confirma ce diagnostic, porté, je l'avoue, un peu au hasard, par induction, et je vois encore la stupéfaction de l'intéressé quand je mis la main sur la tumeur soupçonnée.

La panse, volumineuse, contient beaucoup d'aliments assez fluides. La masse stomacale, vers la jonction du réseau au feuillet, présente une surface bosselée et très infiltrée. En incisant je découvre, faisant corps avec la paroi du viscère, une tumeur deux fois grosse comme le poing. Elle est constituée par du tissu fibroïde dense, lardacé, englobant en certains endroits des îlots muqueux, en d'autres, des noyaux nécrosés, et ailleurs des foyers hémorragiques. Il n'existe aucune trace de corps étranger dans l'intérieur ni dans les environs. Aux abords de la tumeur les cellules du réseau ont disparu et à la place se trouvent de petites tumeurs secondaires en forme de champignon. Un peu plus loin les cellules réapparaissent progressivement, mais avec leurs bords épaissis, sans trace de papilles à leur surface. La néoplasie principale siège vers l'ouverture du feuillet, sur laquelle elle fait l'office de soupape, ce qui explique la difficulté de la circulation des boissons aussi bien que des aliments.

La tumeur est un *carcinome fibreux* se rapprochant du *squirrhe*.

Caillette. — Le cancer de l'estomac est incontestablement plus fréquent chez les animaux monogastriques que chez les ruminants, en raison sans doute de ce que chez ces derniers les causes d'irritation du viscère sont écartées en grande partie par les réservoirs situés en amont. Dans ces quinze dernières années, je n'ai retrouvé dans nos périodiques que le cas signalé par Cuillé et Sendrail (1), auquel je vais ajouter la relation très brève de deux observations personnelles.

Observation I (2 novembre 1890). — Vache de sept à huit ans, maigre, au sujet de laquelle je n'ai pu obtenir aucun renseignement. Les parois de la caillette, presque à partir de la sortie du feuillet, ont une épaisseur s'accentuant à mesure qu'on se rapproche du pylore, où elle atteint trois ou quatre centimètres.

Les replis valvulaires ont au moins deux centimètres à la base et un centimètre au sommet. Sur toute la surface, la muqueuse présente un aspect chagriné et une coloration rose bleuâtre avec quelques ulcérations. Jusqu'alors on pourrait croire à des lésions de gastrite chronique ; mais le frein épiploïque qui soutient l'organe présente lui-même sur toute son étendue une épaisseur considérable ; il est constitué par du tissu lardacé, parsemé de vacuoles et son aspect est nettement cancéreux.

Du reste l'étude histologique de la production a permis facilement de la rattacher à la variété squirrheuse du *carcinome*.

Observation II (8 mai 1899). — Il s'agit d'une vache suspecte de tuberculose, pour laquelle les formalités légales ont été remplies en vue de l'indemnité.

____

(1) Cuillé et Sendrail. — *Sarcome de la caillette* Revue vétérinaire, décemb. 1898).

La bête est très maigre, émaciée. A l'autopsie je trouve une tumeur énorme, du poids de quinze kilos enveloppant sur tout son pourtour le pylore, qui se trouve enserré au point qu'il donne à peine passage au doigt. Les parois de la caillette sont épaissies, la muqueuse ulcérée, fongueuse. Il existe également des ulcérations à la surface extérieure de la tumeur. Tous les ganglions abdominaux sont tuméfiés, infiltrés. La capsule surrénale gauche a son volume quadruplé ; la capsule droite est moins hypertrophiée, mais toutes deux sont le siège de noyaux néoplasiques secondaires.

Un morceau de la tumeur principale, les capsules et un ganglion mis dans l'alcool ont été ultérieurement l'objet d'examens microscopiques qui ont établi la nature *carcinomateuse* de la néoplasie.

Intestin. — Le cancer de la partie terminale du tube digestif (colon et rectum), assez fréquent dans l'espèce humaine, est fort rare chez les animaux. Aucun cas, à ma connaissance n'a été relaté jusqu'à ce jour, du moins chez les bovins. Il vient de m'être donné d'en observer tout récemment un exemple (11 février 1905).

L'animal faisant l'objet de cette observation est une jolie vache de huit ans qui, au dire de son propriétaire, se nourrit encore assez bien, mais ne profite guère. Depuis quelque temps il a remarqué que la bête fait beaucoup d'efforts pour rendre les excréments, en très petite quantité chaque fois. Les fèces évacuées sont de consistance normale, mais de faible volume et souvent striées de sang. Après chaque évacuation, l'animal laisse l'anus entrouvert pendant un certain temps comme si de nouvelles déjections devaient être expulsées. Il n'y a pas de tympanite et l'on n'a remarqué aucun signe pouvant faire soupçonner une indigestion chronique. Comme la vache est en bon état de chair et de graisse on n'hésite pas à s'en défaire pour la boucherie, sans chercher à se renseigner sur la nature du mal dont elle est atteinte.

Les estomacs et l'intestin grêle n'offrent rien de particulier, tandis que le rectum et le colon flottent, sur la longueur d'un mètre environ, se présentent sous forme d'un tube bosselé, très irrégulier et de consistance anormale. Le canal, réduit, anfractueux, ne renferme que très peu de matières excrémentitielles.

Les parois très épaisses, infiltrées, mamelonnées, présentent au niveau des bosselures, des noyaux néoplasiques de grosseurs différentes. Dans les intervalles, les parois, comme sclérosées, sont constituées par du tissu fibroïde criant sous le scalpel. Au niveau des tumeurs, la muqueuse est grisâtre ou d'un rouge vineux et en certains endroits elle est ulcérée ou nécrosée. En d'autres points, elle est seulement épaissie et chagrinée. On voit fort bien que la néoplasie a pris naissance dans la couche musculo-conjonctive ; ses noyaux sont du reste bien délimités. L'importance de l'altération va en décroissant à mesure qu'on s'éloigne de la partie rectale, de beaucoup la plus atteinte. Il est certain que l'état de rigidité et d'irrégularité du boyau rendait sa faible contraction inefficace ; aussi la circulation des matières dans ce canal anfractueux, devenue toute passive, expliquait la perturbation remarquée dans la défécation. Je dois cependant ajouter que l'anus était indemne.

Le corps de la matrice est épais et induré surtout au niveau du col; sa muqueuse non plus que celle du vagin, n'est pas altérée.

La vessie est intacte, mais ses ligaments sont envahis par la néoplasie. Il en est de même des ligaments sacro-sciatiques qui ont acquis une épaisseur de deux à trois centimètres. Le périoste des os avoisinants est également atteint et transformé en une épaisse couche cellulo-fibreuse. La difficulté de la circulation de l'urine dans les uretères enserrés a eu son retentissement sur les reins : Le rein gauche présente un commencement d'hydronéphrose, sans altération notable de son tissu; tandis que le rein droit a augmenté trois ou quatre fois de volume et est le siège de lésions étendues de néphrite interstitielle et de périnéphrite ulcérante, sans qu'il y ait cependant envahissement par la néoplasie. Tous les ganglions de la région sont hypertrophiés, infiltrés et profondément atteints dans leur structure.

L'examen microscopique des tumeurs prélevées dans les parois intestinales a révélé leur nature essentiellement *sarcomateuse*.

Foie. — Il ne serait pas surprenant que cet organe, dans lequel on rencontre si fréquemment des lésions inflammatoires chroniques, fut souvent le siège de néoplasies, étant donné surtout que son système vasculaire le prédispose à toutes les variétés d'infection. En effet, dans presque tous les cas de cancer généralisé que j'ai relevés, le foie présentait des noyaux secondaires. Cependant les observations de cancer primitif de cette glande semblent assez rares, puisque de 1890 à ce jour je ne retrouve dans nos périodiques que les cas publiés par Benoist (1), Blanc (2) et Ball (3). Je crois donc intéressant de rapporter très succinctement les neuf cas que j'ai observés dans ce même laps de temps.

Observation I (5 février 1890). — Vache âgée en bon état et dont la santé paraît excellente.

L'extrémité inférieure de son foie présente une tumeur sphéroïdale de quinze centimètres de diamètre, et dans la partie moyenne de l'organe se trouvent plusieurs petites tumeurs dont la grosseur varie entre celle d'un pois et celle d'une grosse noix. La tumeur principale est entourée d'une coque fibreuse qui la délimite nettement du tissu sain. La section apparaît avec une teinte générale terre de Sienne claire, parsemée d'îlots hémorragiques et de noyaux d'un jaune clair, d'apparence cirrhomateuse. Tout le centre est occupé par un caillot albumino-fibrineux de consistance gélatineuse. Un grand nombre de vacuoles à contenu séreux existent en divers points.

---

(1) Benoist, Epithélioma trabéculaire du foie chez une vache (*Revue vétérinaire*, juin, juillet, août 1895.

(2) Blanc, Carcinome du foie du bœuf se propageant par embolies dans le même organe (*Journal de méd. vét. et zootech.*, juillet 1898).

(3) Ball, Epithélioma à cellules cylindriques du foie chez une vache (*Journal de méd. vét. et zootech.*, déc. 1903).

Il est facile de se rendre compte que les noyaux indépendants de la tumeur sont des fragments de cirrhose déterminée par des interruptions circulatoires partielles, dont quelques-unes apparaissent tout-à-fait récentes.

L'analyse des différentes parties de la tumeur montre qu'il s'agit d'un *carcinome*.

Observation II (17 janvier 1892). — Vache hors d'âge, venue à pied d'une foire des environs, à vingt kilomètres de distance. Ne l'ayant pas vue vivante, on me dit qu'elle avait le ventre tombant et évasé, mais ne paraissait pas souffrante.

A l'ouverture de la cavité abdominale, le boucher est fort surpris de ce qu'il observe et il vient me chercher. — Le foie représente en effet une masse énorme, presque du volume du rumen, et il serait méconnaissable si les vestiges de l'organe n'attiraient pas l'attention. L'incision profonde donne lieu à l'écoulement d'une vingtaine de litres de liquide rouge foncé; et l'énorme tumeur étant séparée en deux parties constitue une vaste poche dont l'intérieur est lisse en certains endroits et parsemé de houppes fibrineuses dans d'autres.

L'épaisseur des parois, dans les points les plus faibles, est de sept à huit centimètres et montre, de dehors en dedans : une coque fibreuse de un centimètre environ, recouvrant en quelques points des îlots de tissu hépatique sain de dimensions variables; une deuxième couche rouge, piquetée de points jaunâtres, et, en quelques endroits, de foyers hémorragiques; en dedans, une couche irrégulière d'aspect cellulo-fibrineux plus ou moins épaisse suivant les points. Seule la partie postéro-externe de la tumeur présente, dans sa paroi, la portion de foie restée intacte. Cette tumeur s'est donc développée dans la région supéro-interne. Le canal cholédoque dessert toujours le tissu resté sain et il débouche dans l'intestin qui se trouve soudé à la tumeur sur une longueur de trente centimètres. La vésicule biliaire a son volume normal et son contenu est de la bile physiologique.

Le poids des seules parois de la tumeur, y compris les vestiges du tissu hépatique non altéré, est de cinquante-sept kilogr. La tumeur totale, avec le liquide qu'elle contenait pesait donc près de quatre-vingts kilogr. Sa richesse en vaisseaux est considérable à la périphérie.

L'analyse micrographique montre la couche rouge, recouverte par l'enveloppe fibreuse, constituée uniquement par des cellules embryonnaires noyées dans une substance granuleuse molle. Celle-ci ne fait défaut que dans les îlots jaunâtres formés d'éléments cellulaires en voie de dégénérescence granulo-graisseuse. Dans la couche interne les mêmes éléments embryonnaires se retrouvent, mais noyés et dissociés par la masse gélatiniforme. On n'y rencontre ni stroma ni réseau vasculaire organisé. Cette production pathologique monstrueuse est un *sarcome myxomateux*.

Observation III (31 décembre 1896). — Vache de dix ans chez laquelle l'émaciation musculaire est très prononcée. Le foie, du poids de vingt kilos, adhère fortement au diaphragme et à l'hypochondre. Sa surface est irrégulièrement bosselée, surtout vers sa partie inférieure.

L'organe étant sectionné longitudinalement, la coupe met à nu un grand nombre de tumeurs, de la grosseur d'un pois à celle d'un œuf d'oie ; les unes d'une couleur gris rougeâtre vineux, à contours festonnés ; les autres, d'une nuance jaunâtre, à contours plus réguliers. Celles-ci, seules, ont une enveloppe fibreuse et un contenu granuleux caséifié. Les premières sont les tumeurs vivantes ; les secondes, des noyaux mortifiés séparés du tissu voisin par une membrane fibreuse isolante. Il existe même des poches dont le contenu a été presque entièment résorbé Les tumeurs grisâtres sont très rapprochées les unes des autres et souvent fusionnées ; elles n'ont point d'enveloppe, mais se continuent directement avec le tissu hépatique resté sain. Cependant en certains points il existe des travées scléreuses.

Les produits de râclage des noyaux gris rougeâtres, examinés à l'état frais, les montrent constitués par des cellules épithéliales de grandes dimensions. Les points jaunâtres ne comportent que des éléments granulo-graisseux, c'est-à-dire cirrhosés. Les mêmes tissus revus après durcissement dans l'alcool, présentent la texture classique de *l'épithélioma* avec noyaux de *cirrhose.*

Observation IV (14 février 1900). Figure I (1). — Vache âgée très maigre. Son propriétaire me dit qu'elle mange beaucoup, mais que malgré cela elle ne fait que dépérir depuis quelque temps.

Les chairs sont flasques, émaciées. Le foie est volumineux et pèse dix-huit kilog. Sa partie supérieure, très épaissie, est occupée entièrement par une tumeur énorme présentant une déchirure de quinze centimètres de longueur. Cette rupture profonde, très récente, qui a donné lieu à l'échappement de trois à quatre litres de sang dans la cavité abdominale, s'est peut-être produite pendant le transport de l'animal en voiture.

La section longitudinale de l'organe montre, incluse dans sa moitié supérieure, la tumeur ovoïde, allongée de haut en bas, et sillonnée de fortes travées fibreuses la séparant en un grand nombre de compartiments de nuance et d'aspect très variés. Quelques îlots, vers le centre, ont une couleur brun-noirâtre ; d'autres ont une teinte terre de Sienne ; d'autres sont d'un jaune foncé ou d'un jaune ocreux ; il en est aussi qui ont une teinte verdâtre prononcée. C'est en somme un mélange curieux de nuances diverses.

L'aspect général est consistant et il n'existe pas de noyaux de ramollissement.

Les ganglions avoisinants ne sont pas atteints, mais la rate présente une tumeur secondaire grosse comme un œuf.

L'aspect macroscopique de la néoplasie m'avait d'abord fait croire qu'elle était de nature carcinomateuse, mais son examen histologique l'a au contraire présentée comme un type *d'épitheliome.*

Observation V (15 février 1900). — Vache âgée, en très bon état de chair et de graisse. La partie inférieure de son foie est représentée par une tumeur nettement délimitée et tranchant avec le tissus sain. Sa surface est légèrement festonnnée, sa teinte grisâtre uniforme et sa coupe très sèche.

_____

(1) Ce dessin, ainsi que les suivants, sont de la plume de mon confrère militaire et excellent ami, M. Lemann.

Il existe un noyau néoplasique de même aspect, de la grosseur d'un œuf, dans la partie supérieure de l'organe.

L'analyse micrographique, après durcissement, a montré qu'il s'agissait d'un *épithéliome*.

Observation VI (23 octobre 1902). — Vache de douze ans, maigre.

Le foie a son parenchyme parsemé de tumeurs ayant à première vue l'apparence de masses tuberculeuses. La surface elle-même de l'organe en est farcie, ce qui lui donne l'aspect bosselé d'un foie hydatique. Ces

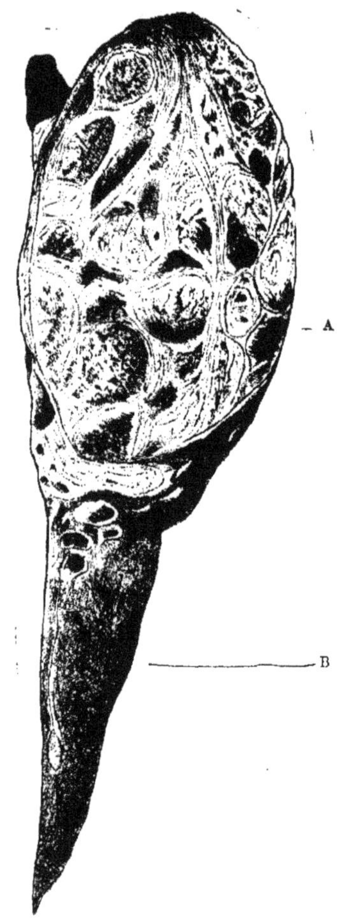

Fig. I, 1 ⅓ grandeur naturelle. — Epithélioma du foie, coupe longitudinale.

A. — Moitié supérieure remplacée par la tumeur.
B. — Moitié inférieure restée saine.

tumeurs, à contours réguliers, de volume variable, n'ont pas de coque fibreuse isolante, bien que leur trame tranche nettement avec le tissu sain. L'hypertrophie du foie n'est pas considérable. Tous les autres organes sont normaux, sauf le poumon qui renferme un noyau néoplasique de même nature que ceux du foie, de la grosseur d'une noix.

Ces tumeurs sont encore de *nature épithéliomateuse*.

Observation VII (28 janvier 1905). — Vache de dix ans, en assez bon état de chair et de graisse, achetée en foire et ne paraissant pas malade.

Son foie a son volume au moins triplé. Sa face antérieure principalement, très adhérente à l'hypochondre, est bosselée, anfractueuse, bourgeonnante et donne à l'organe une épaisseur considérable. Toute cette face est parsemée de tumeurs en saillie ayant l'aspect de choux-fleurs et d'un gris-rougeâtre vineux. Ces masses néoplasiques s'enfoncent dans la profondeur de l'organe, non en comprimant le tissu, mais en l'envahissant comme par bourgeonnement.

Les tumeurs principales, développées en des points différents, sont arrivées à se confondre, tout en restant délimitées par de fortes travées fibreuses. Il n'existe de traces de tissu sain que vers la face postérieure et l'extrémité inférieure de l'organe.

La vésicule biliaire est intacte. Les autres organes sont sains, mais tout le système ganglionnaire abdominal est infiltré et hypertrophié, et l'aspect sanguinolent des chairs indique que la circulation veineuse était entravée.

Il s'agit encore d'un bel exemple *d'épithéliome*.

Observation VIII (18 février 1905). — Vache de huit ans, en bonne santé, et abattue pour les fournitures militaires. Son foie, plus que doublé de volume, a sa moitié supérieure principalement farcie de tumeurs de grosseurs différentes, d'un gris rougeâtre, émergeant à la surface et donnant à l'organe un aspect bosselé, très irrégulier. Le garçon boucher, trop zélé, craignant que l'altération du foie puisse occasionner le refus de l'animal, le cache et lui substitue un foie sain ; mais le subterfuge est facilement dévoilé par les traces d'adhérences anormales dans la région hypochondrique. Les ganglions hépatiques sont également hypertrophiés.

Ces tumeurs offrent absolument les mêmes caractères que celles du cas précédent et sont aussi de *nature épithéliomateuse*.

Observation IX (23 février 1905). — Vache de douze ans, en assez bon état et appartenant au même boucher. L'organe hépatique, non hypertrophié, est envahi dans toute son étendue par des néoplasies identiques aux précédentes, mais bien moins développées ; car les plus grosses ne dépassent pas le volume d'une grosse noix. Les ganglions sont indemnes. L'analyse micrographique révèle encore *l'épithéliome*.

Comme on le voit, parmi les diverses néoplasies hépatiques primitives, c'est l'épithéliome qui s'observe le plus souvent et cela s'explique par la prédominance des éléments épithéliaux dans la texture de l'organe. J'ai rencontré bien des fois cette même variété de tumeurs dans le foie du mouton, à l'exclusion de toute autre.

Pancréas. — Les tumeurs primitives de cette glande doivent être fort rares. Aucun cas, à ma connaissance, n'a été relaté, du moins chez le bœuf. Il m'a été donné d'en observer deux exemples.

Observation I (17 janvier 1899). — Il s'agit d'une vache de six ans qui, tout en se faisant remarquer par son appétit dévorant, maigrit beaucoup depuis quelque temps. Son ventre est assez volumineux. Après les repas le flanc gauche reste longtemps tendu sans qu'il y ait tympanite proprement dite, et l'on attribue cet état à la gourmandise. Rien de signalé du côté de la digestion.

Il y a un mois environ, la bête a été atteinte d'un abcès en avant de l'épaule droite qui a suppuré quelque temps et pour le traitement duquel on a cru devoir placer un séton. Vendue pour la boucherie, elle est abattue.

Immédiatement en arrière du foie, qui est sain, on trouve une tumeur du poids de 8 kilos, entourant complètement le duodenum à la façon d'un anneau, sans toutefois se confondre complètement avec lui. A ce niveau, le canal intestinal est un peu rétréci, mais insuffisamment pour entraver sérieusement la circulation alimentaire ; et le rétrécissement est plutôt produit par l'épaississement de la paroi intestinale elle-même que par la compression du néoplasme. La coupe de la tunique est lardacée, mais la muqueuse est respectée.

La tumeur elle-même est formée de plusieurs lobes séparés par de très larges travées fibreuses, et de noyaux secondaires d'aspect et de consistance variables ; quelques-uns, dont l'un gros comme un œuf, sont nécrosés et ramollis. Il est facile d'observer que ces nécroses partielles sont dues à l'obturation, par compression, des vaisseaux qui irriguaient les zones mortifiées. Du pancréas lui-même, il ne reste que des vestiges insignifiants qui ont échappé à la compression et à la transformation.

Les ganglions mésentériques sous-lombaires sont hypertrophiés, infiltrés, mais non apparemment atteints par la néoplasie ; tandis que les ganglions pectoraux, médiastinaux, sous-scapulaires et préscapulaires sont envahis par le néoplasme.

C'est le ganglion préscapulaire ulcéré dont l'abcédation s'est produite en avant de l'épaule ; du reste, celle-ci est séparée du thorax par une agglomération ganglionnaire volumineuse gorgée de sérosité. Les autres organes sont sains. Les chairs sont humides, émaciées, cachectiques. L'analyse de la tumeur a établi qu'on avait affaire à un *carcinome*.

Observation II (21 juin 1904). — Vache de sept à huit ans, mangeant très peu et présentant de la tympanite après chaque repas. On s'en débarrasse pour ces raisons.

A l'autopsie, on rencontre en arrière du foie une tumeur du volume d'une tête humaine, ayant les mêmes caractères que la précédente. Elle n'entoure pas complètement le canal intestinal qui chemine le long de sa paroi. Les tuniques du tube sont cependant atteintes sur toute la partie adjacente, mais sa lumière n'est que peu rétrécie, et c'est par la pression de son poids sur la région pylorique que la tumeur entrave la circulation alimentaire. La caillette n'est pas atteinte, elle est seulement dilatée. Toute trace du pancréas a disparu.

Une infinité de tumeurs secondaires sont greffées sur le péritoine dans toute son étendue et tous les ganglions abdominaux sont atteints. Par contre, les ganglions pectoraux, un peu infiltrés, sont indemnes.

Comme dans l'observation précédente, la tumeur, de nature *cancroïde* présentait des points ramollis, nécrosés, par suite de compressions vasculaires produites au cours du développement de la néoplasie.

ORGANES URINAIRES

Dans l'espèce bovine, les reins sont très fréquemment le siège d'altération aiguës ou chroniques, de nature inflammatoire, déterminant une perturbation plus ou moins profonde de leurs fonctions. Aussi les cas de néphrite, catarrhale ou interstitielle, de pyélite, de périnéphrite, d'hydronéphrose s'observent couramment. Cependant les néoplasies proprement dites sont fort rares dans ces organes. Pour mon compte, je n'en ai rencontré que quatre cas. Très souvent, je me suis trouvé en présence d'altérations ayant absolument l'aspect macroscopique de tumeurs, mais en les étudiant avec soin, j'ai été amené à conclure qu'elles rentraient dans le cadre des affections inflammatoires chroniques.

Observation I (20 août 1890). — Vache âgée, maigre. Son rein droit pèse onze kilog. La capsule, très épaissie et parcourue de gros vaisseaux, fait corps avec le pannicule graisseux. La tumeur, à peu près sphérique, étant divisée, apparaît parsemée de vacuoles caverneuses contenant : les unes, une substance jaunâtre analogue à du tissu adipeux ; d'autres, une sorte de matière pultacée, cérébriforme ; d'autres, enfin, ne renferment que du tissu nécrosé. Il est même des cavernes dont le contenu est du sang plus ou moins altéré provenant d'hémorragies successives non récentes. En un mot, c'est un mélange très varié de tissus divers.

Les cloisons principales les plus épaisses conservent quelques rares vestiges de tissu rénal et sont parcourues par des gros vaisseaux, dont quelques-uns sont obstrués par des caillots.

L'uretère n'est pas altéré. Le rein gauche est normal. La vessie, non atteinte, contient de l'urine ordinaire. Il y a seulement infiltration, mais non altération des ganglions sous-lombaires.

Je crus tout d'abord qu'il s'agissait de lésions consécutives à un violent traumatisme de l'organe, ce qui arrive assez souvent pour le rein droit, moins éloigné que son congénère de la paroi abdominale ; mais l'étude histologique de la production a établi que c'était un *carcinome*.

Observation II (6 juin 1891). — Vache âgée, en bon état, accusant une grande faiblesse du train postérieur.

Lors de mon inspection, j'aperçois toute la région sous-lombaire occupée par une tuméfaction diffuse englobant les deux reins. Je fais enlever toute la masse qui se trouve divisée par les gros troncs artériels et veineux que l'on a ouverts. Elle est constituée par une agglomération de

tumeurs de volumes divers dont la coupe a l'aspect nettement encéphaloïde. Au reste, toute la masse ganglionnaire est envahie par la néoplasie
qui enserre et comprime les deux reins et leurs uretères.

Le rein droit est réduit de moitié de son volume normal et presque tout
ce qui représente l'organe consiste en deux lobes transformés en
tumeurs ; car toute la couche médullaire et la plus grande partie de la
couche corticale sont atrophiées, et la plupart des lobes ne sont plus
représentés que par une coque fibreuse de quelques millimètres d'épaisseur. Il existe donc des traces d'hydronéphrose due à la compression de
l'uretère, mais, en dernier lieu, le liquide a été en grande partie chassé
par le développement des deux noyaux néoplasiques.

Le rein gauche, au contraire, est hypertrophié et presque tous ses lobes
sont envahis par le néoplasme dont l'accroissement s'effectue du centre
vers la périphérie, refoulant devant lui la substance corticale. Les noyaux
de formation récente sont représentés par une matière rougeâtre, pultacée, entrecoupée de travées fibreuses. Les autres sont en voie de mortification plus ou moins avancée.

Tous les gros troncs vasculaires sont entourés d'un véritable manchon
néoplasique. Les parois de l'aorte, dont la tunique externe est entièrement transformée, ont une épaisseur de cinq à six centimètres. Les artères
et les veines rénales, très volumineuses, ont même leur tunique interne
envahie et couverte de bourgeons ulcérés ; plusieurs de leurs divisions
sont obstruées par des caillots sanguins. Cette profonde altération des
vaisseaux explique l'état de semi-paralysie dont était atteint le train postérieur. Le développement des tumeurs avait dû être très rapide, car
l'état général n'avait pas encore subi de répercussion et les chairs étaient
de belle apparence, bien que, comme je l'ai dit, tous les ganglions de la
région fussent atteints et complètement transformés. Cependant les autres
organes sont indemnes.

L'analyse microscopique des tumeurs a établi qu'il s'agissait d'un
carcinome.

Observation III (29 janvier 1892). — Vache âgée, en bon état. La région
rénale droite apparaît énorme. Le tissu adipeux est infiltré de sérosité
et de sang coagulé. L'organe lui-même pesant quatre kilog. est entouré
d'un caillot de près de deux kilos. L'hémorragie s'est produite dans la
zone antéro-inférieure en un point où la tumeur s'est rupturée en formant
une véritable déchirure. Autour de ce point existent de grosses ulcérations bourgeonnantes qui ont été elles-mêmes le siège d'hémorragies
secondaires antérieures, faciles à distinguer de l'hémorragie principale.
Les autres parties de la surface sont à peu près lisses.

La coupe longitudinale de l'organe le fait apparaître comme une masse
pleine, entrecoupée seulement de canaux. Il n'existe aucune trace des
calices et du bassinet. La néoplasie, d'aspect jaunâtre, avec des tonalités
différentes, a tout envahi et l'on ne trouve plus que quelques rares îlots
irréguliers, très réduits, de substance rénale. Tout ce tissu est parcouru
par de nombreux vaisseaux gorgés de sang et dans sa trame on aperçoit
plusieurs vestiges d'hémorragies successives.

On serait bien embarrassé de dire dans quelle couche la tumeur a pris
naissance ; en tout cas, son développement semble s'être effectué en
même temps dans tous les sens.

Vers sa sortie du rein, l'uretère a ses parois épaissies, mais il a son
volume normal à son arrivée dans la vessie, laquelle est absolument

indemne. Le rein gauche et les capsules surrénales ne sont pas atteints.
Les ganglions sous-lombaires sont seulement infiltrés.

La tumeur est de *nature carcinomateuse.*

Observation IV (8 juillet 1904). — Vache de dix ans, en bon état. Son
rein droit pèse un peu plus de cinq kilos. L'enveloppe graisseuse est très
infiltrée et non adhérente à la capsule. Toute la surface du viscère est
couverte de tumeurs de formes variées, la plupart ayant l'aspect de
champignons sortant de terre. Les coupes montrent que ces tumeurs
s'enfoncent dans toute l'épaisseur de l'organe ; elles sont séparées les
unes des autres par du tissu fibroïde dans lequel on reconnaît de çi, de
là, vers la périphérie, de rares vestiges de substance rénale. Le rein ne
forme qu'une masse compacte ; toute trace des calices a disparu, mais
l'uretère a conservé son calibre normal. La matière néoplasique a une
couleur grisâtre uniforme. Il n'existe aucun noyau de nécrose.

Le rein gauche est également hypertrophié ; il pèse deux kilog. et
demi. Il ne renferme pas, à proprement parler, de tumeur, mais on se
rend bien compte que l'hypertrophie a son point de départ dans les
éléments conjonctifs de la couche médullaire, comprimant les canalicules
et déterminant la congestion et la dilatation des glomérules. Il y a donc
infection débutante de l'organe.

Tout le système lymphatique sous-lombaire et mésentérique est hypertrophié et envahi, bien que les capsules surrénales soient indemnes, de
même que les uretères et la vessie. Mais le foie a subi un commencement
d'atteinte ; il présente, en effet, deux petites tumeurs de même apparence
et de même nature que celles du rein droit.

Les recherches microscopiques ont établi qu'il s'agissait d'une *production sarcomateuse.*

Vessie. — En dehors des lésions vésicales ressortissant à l'hématurie
essentielle (ulcères et végétations), les tumeurs proprement dites doivent
s'observer rarement ; car mes recherches bibliographiques portant seulement, comme je l'ai déjà dit, sur ces quinze dernières années, ne m'ont
révélé que le cas cité par Mollereau (1). Je vais y ajouter deux courtes
observations personnelles, ayant plutôt quelque intérêt pour la clinique
que pour l'anatomie pathologique.

Observation I (20 février 1893). — Vache de neuf à dix ans, maigre,
que j'ai occasion de voir avant l'abatage. Son propriétaire m'affirme
qu'elle n'a jamais été hématurique, ce que confirme l'examen bactério-
logique de l'urine. Elle a l'air inquiète ; la miction très fréquente s'effectue
par gouttes ou petits jets, après quelques efforts. Il n'est point difficile
de diagnostiquer un obstacle mécanique à l'évacuation urinaire, obstacle
représenté par une tumeur vésicale reconnue aisément, du reste, par
l'exploration vaginale.

Je ne suis donc point surpris de trouver la vessie profondément altérée.
Sa paroi inféro-latérale gauche présente une plaque ulcérée de deux à

(1) Mollereau, *Tumeur épithéliale de la vessie chez la vache (Bulletin de la
Société centrale,* 1890).

trois centimètres d'épaisseur sur douze centimètres de long et sept de large, d'aspect fongueux, de couleur gris rougeâtre, à bords très saillants et à fond sanieux. Au contraire, vers le col, se présente une tumeur réniforme de la grosseur d'un œuf, formant clapet sur l'ouverture de l'urèthre. Incisée, son tissu coriace apparaît constitué exclusivement par des éléments conjonctifs très denses, d'aspect nacré. Elle a pris naissance dans la couche musculo-conjonctive, à laquelle elle adhère par un large pédicule. A sa surface, la muqueuse existe, mais elle est épaissie et bourgeonneuse.

Dans toutes les autres parties de l'organe, hormis la plaque ulcérée, la muqueuse est également épaissie, œdématiée, rougeâtre, mais sans végétations ni autres ulcères. Les uretères et les reins sont normaux. L'altération est essentiellement de nature *squirrheuse*.

Observation II (14 janvier 1900). — Chez une vache en très bon état dont l'on se défait parce que depuis quelque temps elle a beaucoup de difficulté pour uriner, je trouve vers le col de la vessie une tumeur bourgeonneuse de la grosseur du poing. Elle forme bouchon sur l'orifice de l'urèthre, ce qui explique que l'urine était surtout évacuée par jets lors de la marche. La surface de la tumeur a l'aspect d'une plaie ulcéreuse et saigneuse. La vessie est distendue par de l'urine très légèrement teintée. La tumeur nettement pédiculée prend racine dans la couche musculo-conjonctive ; sa coupe est homogène et sa consistance assez faible. Dans tout le reste de l'organe, la muqueuse est indemne. Les uretères sont dilatés et il y a hydronéphrose débutante dans les deux reins.

L'examen des coupes après durcissement a établi qu'il s'agissait d'un *sarcome globuleux*.

ORGANES GÉNITAUX

Testicule. — Les tumeurs d'origine testiculaire sont assez fréquentes et elles s'observent principalement sur des sujets bistournés, c'est-à-dire sur un organe atrophié ou en voie d'atrophie. Des cas intéressants ont été rapportés par Léger, Morot, Moussu, Guittard, Benoist, etc. Je n'en ai rencontré qu'un seul exemple.

Observation (6 juillet 1899). — Bœuf de travail, âgé de dix ans, chez lequel l'époque du bistournage remonte donc très loin. La région des bourses a le volume d'une tête humaine et, de ce fait, la marche est assez pénible. A la surface de la tumeur la peau est bleuâtre, mais non ulcérée.

A l'ouverture de la cavité abdominale, on voit que le pédicule énorme de la tumeur suit le trajet inguinal et remonte jusqu'à la voûte lombo-sacrée où la néoplasie se confond avec la masse ganglionnaire formant une masse énorme.

Les reins sont indemnes, mais les capsules surrénales sont volumineuses et profondément atteintes. Le foie présente également plusieurs tumeurs secondaires. Sur tout le côté droit de la cavité abdominale, correspondant à celui de la tumeur testiculaire, le péritoine est tapissé de végétations ayant l'aspect de petits champignons. Les ganglions médiastinaux sont volumineux et infiltrés. Le poumon, lui-même, renferme plusieurs noyaux néoplasiques secondaires de la grosseur d'une noisette à celle d'une noix, la plupart faisant saillie à la surface de l'organe ; quelques-uns ont leur partie saillante aplatie au contact de la paroi costale ; ils ont l'aspect d'ulcères et à leur niveau la plèvre viscérale a disparu, laissant le tissu à vif.

On voit très bien que ces productions se sont développées dans le tissu conjonctif interlobulaire, refoulant le tissu propre du poumon. Celles qui se trouvent dans l'intérieur de l'organe ont une forme arrondie régulière et le tissu pulmonaire comprimé leur constitue une sorte de coque. Toute la plèvre costale est très épaissie, irrégulière et tapissée de végétations, ce qui donne à l'ensemble des lésions la plus grande ressemblance avec celle de la tuberculose pleurale.

La généralisation était donc complète et partout les productions secondaires apparaissaient avec la même structure que la tumeur principale. Dans celle-ci on ne trouve pas trace d'éléments testiculaires. La néoplasie est de nature sarcomateuse ; c'est même un remarquable exemple de *sarcome fasciculé* ou *fuso-cellulaire*.

Ovaires. — Le cancer de l'ovaire ne doit pas être une rareté. Le premier cas que j'ai observé date d'août 1886 (1) et m'a été révélé par la castration d'une vache nymphomane. La tumeur, de la grosseur du poing, présentait l'aspect macroscopique du carcinome, mais l'analyse microscopique n'a point été faite.

Je suis resté jusqu'à 1902 sans en rencontrer à nouveau, lorsqu'à deux jours d'intervalle deux cas se sont présentés. Il est probable que d'autres sont passés inaperçus, en raison de ce fait que les organes génitaux sont toujours jetés à la voirie au moment de l'inspection, leur présentation n'étant pas obligatoire.

Observation I (5 mai 1902). — Vache abattue pour cause de fracture de l'ilium, s'étant produite lors de la chûte de la bête en sautant sur une de ses voisines ; elle était taurelière.

L'ovaire droit forme une masse arrondie du poids de deux kilog. Sa coque est épaissie et la surface est parsemé de gros vaisseaux. L'incision de la tumeur la montre divisée en un grand nombre de compartiments séparés par des cloisons conjonctives plus ou moins épaisses. Le contenu est une matière grise-jaunâtre, peu consistante, cérébriforme. Plusieurs noyaux ont subi la dégénérescence granulo-graisseuse ; dans d'autres existent des foyers hémorragiques.

L'analyse micrographique a, en effet, décelé la *carcinome encéphaloïde*. L'autre ovaire, de même que les organes voisins, étaient indemnes.

Observation II (7 mai 1902). — Vache, hors d'âge, présentant une émaciation musculaire avancée. L'ovaire gauche, du poids de 2 kilog. 500,

---

(1) *De l'étiologie de la nymphomanie chez la vache* (Mémoire récompensé par la Société Centrale, 1888).

2

présente les mêmes caractères que celui du cas précédent, L'ovaire droit contient un noyau débutant de la grosseur d'une noisette. La tumeur principale porte en un point de sa surface une large ulcération semblant être consécutive à une ancienne déchirure. Tout le péritoine est littéralement tapissé de végétations, dont quelques-unes, de la grosseur d'un œuf, sont aplaties et ont l'aspect de gros champignons sortant de terre. Ces lésions sont de tous points semblables à celles de la tuberculose péritonéale très avancée. Tous les ganglions avoisinants sont envahis, mais les reins, les capsules surrénales et le foie sont sains. Sans aucun doute, l'infection du péritoine s'est produite par contact avec l'ulcère de la tumeur principale.

Il s'agissait encore d'un *carcinome encéphaloïde*.

Utérus. — La matrice, chez la vache, est un organe si souvent maltraité et irrité que l'on s'étonne qu'il ne soit pas plus fréquemment le siège de néoplasies diverses. Tantôt ce sont des manœuvres maladroites de personnes, dont la hardiesse remplace la compétence, qui lui occasionnent des meurtrissures lors de l'accouchement ou à la suite du renversement; tantôt ce sont les enveloppes fœtales dont on a laissé au temps le soin de l'évacuation par lambeaux putréfiés; souvent, aussi, c'est l'arrachement des cotylédons lors de la délivrance par une main inexpérimentée. Il est vrai que les altérations de nature inflammatoire ou infectieuse ne sont pas rares; heureusement que les femelles bovines offrent sous ce rapport une remarquable résistance organique. En effet, telles lésions qui deviendraient rapidement mortelles chez une autre femelle, ne semblent parfois pas incommoder sensiblement la vache.

Il m'a été donné d'observer fréquemment des métrites chroniques, avec collections sanieuses ou purulentes, de la métro-péritonite, des ulcérations du col et autres altérations diverses, mais je n'ai rencontré que cinq cas de cancer proprement dit siégeant sur cet organe. Il a certes pu m'en échapper, mais bien peu, car les traces laissées après l'enlèvement du viscère dans la région du bassin auraient attiré mon attention.

Dans les observations que je vais rapporter l'altération ne se borne pas au col ou à une autre partie de la matrice, comme par exemple dans les cas signalés par Lucet (1) et Guillebeau (2), mais elle s'étend à tout le viscère et même aux organes voisins.

Cependant le cancer véritable ne saurait être confondu avec une autre néoplasie qu'on observe assez communément sur la matrice, mais de na-

---

(1) Lucet. — Un cas de carcinome du col utérin chez la vache comme cause de dystocie, *Recueil de méd. vét.* 1895.

(2) Guillebeau. — Le cancer de l'utérus chez la vache, *Journal de méd. vét. et zootech.*, octobre 1899.

ture bénigne et sans tendance à la généralisation : *le fibro-myome*. J'en ai encore rencontré un exemple ces jours derniers (19 juin 1905) sur une vache de dix ans, en bon état, chez laquelle l'expulsion du fœtus en position normale avait présenté des difficultés et exigé l'intervention du vétérinaire, en raison de la présence d'une tumeur de ce genre, du poids de six kilogr., située sur le plancher de l'utérus, immédiatement en arrière du col, et simulant une cystocèle. L'accouchement put s'effectuer assez facilement en refoulant la néoplasie pendant que des aides hâtaient, par des tractions, l'expulsion d'un veau à terme et vivant. Mais la tumeur continuant de provoquer des. efforts expulsifs, la bête fut abattue.

Observation I (26 février 1891). — Vache maigre amenée par son propriétaire qui déclare qu'elle mange bien, mais qu'elle dépérit. Depuis longtemps la bête a la démarche raide ; elle urine souvent et en petite quantité chaque fois. La dernière mise-bas, normale, date presque d'un an. Un très léger écoulement muco-sanieux a lieu par la vulve.

La matrice est représentée par une masse énorme ; ses cornes elles-mêmes, sortes de gros boyaux tortueux, ont au moins deux fois la grosseur du bras. Les ligaments larges sont transformés en deux plaques épaisses de trois à quatre centimètres d'épaisseur suivant les endroits. Il y a adhérence complète avec les reins, la vessie et les parois du bassin, presque entièrement occupé par la tumeur, dont la circonférence est plus grande que celle d'une tête humaine.

Les ovaires sont un peu hypertrophiés et kystiques. Tous les ganglions abdominaux, même les ganglions médiastinaux sont énormes et infiltrés. Les deux reins sont altérés et remplis de kystes. Le péritoine mésentérique est épaissi et enflammé, mais le péritoine pariétal est indemne.

L'organe étant incisé en long au niveau du corps, chaque paroi apparaît avec une épaisseur de 8 à 10 centimètres. Dans cette épaisseur, la muqueuse figure pour 2 centimètres au niveau des replis, 1 centimètre dans les intervalles. Sa surface est très irrégulière, rouge bleuâtre ; dans beaucoup d'endroits, elle est recouverte d'ulcérations et de bourgeons de mauvais aspect. La cavité du corps est très rétrécie, ce qui rend le col, obstrué du reste, moins apparent. C'est la couche sous-muqueuse, musculo-conjonctive qui est surtout le siège de l'hypertrophie ; elle forme un tissu fibroïde, lardacé, spongieux et farci de vacuoles, sauf vers le col. Ces vacuoles renferment un liquide sanieux, non odorant. Au niveau des cornes, dont les parois ont 4 à 5 centimètres d'épaisseur, l'altération revêt le même aspect, avec cette différence cependant que la muqueuse y participe moins et qu'elle va en s'atténuant à mesure qu'on se rapproche de l'oviducte et des trompes, atteints eux-mêmes. Les parois vaginales sont aussi très épaissies, mais la muqueuse est moins atteinte que celle de l'utérus.

On comprend que le poids de cette masse, occupant presque tout le bassin, ait pu gêner la miction, mais la vessie, plutôt réduite, n'est guère altérée ; ses parois sont seulement un peu épaissies et infiltrées.

Cette profonde altération organique est-elle d'origine inflammatoire ou de nature néoplasique ? Les coupes faites au niveau de la muqueuse montrent que l'épithélium est en grande partie altéré ou détruit ; c'est son chorion qui participe à l'hypertrophie et l'on y rencontre, ainsi que dans d'autres parties des parois, surtout vers les cornes, des noyaux carcinomateux. Dans les autres points, le tissu est essentiellement fibroïde. Ce genre de néoplasie doit donc être rattaché au *carcinome fibreux*, autrement dit au *squirrhe ;* et ce qui confirme cette opinion, c'est que la trame des ganglions atteints présente des noyaux carcinomateux enserrant et détruisant les éléments lymphoïdes.

Observation II (28 juillet 1901). — Vache âgée, émaciée, accusant une grande faiblesse du train postérieur. Aucun renseignement ne peut m'être fourni sur ses antécédents.

A l'ouverture de l'abdomen, on aperçoit, vers l'entrée du bassin, une masse énorme, infiltrée, bosselée, comprenant la matrice, les reins et la masse ganglionnaire, le tout réuni par des adhérences résistantes. Les différents organes étant séparés, on s'aperçoit que la tumeur principale occupe l'utérus, dont le corps a la grosseur de la tête et les cornes au moins celle du bras, avec une forme des plus irrégulières.

La cavité utérine a presque entièrement disparu et le col est obstrué. Il n'existe aucune collection sanieuse ou purulente. La muqueuse est seulement épaissie, mais non ulcérée. La couche musculo-conjonctive, très épaissie, est constituée par un tissu dense, lardacé, présentant au niveau des bosselures, des vacuoles contenant une substance jaunâtre, pultacée, avec des stries sanguinolentes. Quelques noyaux ont déjà subi un commencement de nécrose, mais ils n'ont pas encore de coque isolante. Au niveau des cornes, il n'existe pas de points spongieux ; le tissu est régulièrement lardacé.

Tous les ganglions lombaires, iliaques, mésentériques, sont énormes. Plusieurs ne sont plus représentés que par une coque épaisse renfermant une matière pultacée ; les autres sont transformés en une masse carcinomateuse à large trame conjonctive ; il ne reste plus trace de tissu lymphoïde.

Les reins et les capsules surrénales sont augmentés de volume, mais leur substance n'est pas sensiblement altérée. La vessie et le vagin sont intacts.

La lésion est de *nature carcinomateuse*.

Observation III (28 décembre 1901). — Vache en assez bon état, sur laquelle je n'ai aucun renseignement.

Les lésions rencontrées sur sa matrice offrent à peu près le même aspect que dans le cas précédent. Les deux cornes apparaissent sous la forme de gros boyaux tortueux aussi volumineux que le corps lui-même ; elles ont 9 à 10 centimètres de diamètre et leur tissu a la même texture que celle indiquée dans les autres observations.

Les deux reins et la capsule surrénale gauche sont envahis par la néoplasie. Les reins ont doublé de volume ; les bosselures de la surface sont effacées et les sillons ont disparu ; les calices et les éminences n'existent plus. Chaque organe forme une masse compacte, très dure au toucher, de couleur gris-jaunâtre, sur laquelle tranchent de petits îlots rouges. Chacun des lobes est représenté par une tumeur cloisonnée renfermant une matière putrilagineuse. Le tissu rénal n'existe plus que tout à fait en surface, sur une très faible épaisseur, au niveau des îlots rougeâtres extérieurs. Il ne reste en somme qu'une partie de l'écorce rénale. Cependant, le rein gauche a encore cinq lobes non atteints.

La vessie, réduite, est intacte. La capsule surrénale gauche, seule atteinte, a la grosseur du poing et forme une tumeur sphérique à coque épaissie parcourue par des vaisseaux volumineux. Le contenu est une trame cloisonnée renfermant une substance molle d'aspect encéphaloïde.

Les recherches micrographiques ont démontré qu'il s'agissait encore d'un exemple de *carcinome*.

Observation IV (23 janvier 1905). — Vache de neuf ans, en assez bon état, marquée au fer pour les fournitures militaires et ne présentant aucun signe extérieur de maladie.

Après avoir abattu et préparé la bête, le boucher m'appelle pour me faire remarquer les infiltrations qui se sont montrées dans le bassin après l'enlèvement de la matrice, laquelle, dit-il, doit contenir un fœtus mort et putréfié. Il n'en est rien. La corne droite, la plus volumineuse, de la forme et de la grosseur d'une énorme vessie distendue, a ses parois très dures et très tendues. A l'incision, il s'échappe quatre à cinq litres de pus blanchâtre, inodore. Les parois de la poche ont 2 à 3 centimètres d'épaisseur et leur face interne a l'aspect d'une membrane pyogène ordinaire.

La corne gauche, plus grosse que le bras, forme un boyau plein, bosselé, à peu près sans lumière. Ses parois sont constituées par du tissu fibreux dense, criant sous le scapel en certains endroits ; tandis que dans d'autres, au niveau des bosselures principalement, le tissu est spongieux et vacuolé. Le contenu des vacuoles est variable : dans les unes, on trouve un liquide gélatineux ; dans les autres, une sorte de magma d'apparence cérébriforme, avec des stries sanguines ; dans d'autres encore, une matière jaunâtre plus dense, pultacée. Le stroma de la tumeur est parcouru par des vaisseaux énormes, dilatés.

Le corps de l'utérus présente la même altération que cette deuxième corne. Son col forme une énorme masse indurée dans laquelle on ne distingue plus l'orifice. La muqueuse de l'organe est ratatinée, mais point ulcérée ; on voit bien qu'elle n'a point participé à la formation de la néoplasie.

Les ovaires et les ligaments larges ne sont pas atteints. Les vaisseaux qui les parcourent et se rendent à l'utérus sont énormes ; la veine droite, de la grosseur du pouce, est obstruée sur tout son parcours par un caillot sanguin et sa paroi interne enflammée est adhérente au caillot.

Le vagin a ses parois épaissies et recouvertes de tumeurs sessiles ressemblant à des petits champignons. Tout le système ganglionnaire avoisinant est hypertrophié et la substance propre du ganglion a disparu devant la prolifération d'un tissu ayant tous les caractères du sarcome. Cependant les reins, la vessie, les capsules surrénales et le foie sont indemnes. Mais dans le poumon, on trouve un grand nombre de petites tumeurs secondaires, arrondies, de la grosseur d'une bille, développées dans le tissu interalvéolaire et dont la nature est également sarcomateuse. Les ganglions pectoraux étant tous indemnes, il est certain que l'infection pulmonaire s'est effectuée par la voie sanguine et a eu pour point de départ l'altération de la veine atteinte.

Bien que la texture des parois utérines soit d'apparence squirrheuse sans traces de noyaux sarcomateux ou carcinomateux, celle des noyaux secondaires et des ganglions voisins ne laisse aucun doute sur la *nature sarcomateuse* de la néoplasie.

Observation V (8 février 1905). — Vache âgée, maigre, dont le ventre très affaissé ballotte lors de la marche. Au dire du propriétaire, la bête mange bien et elle a travaillé jusqu'à ce jour ; mais comme elle dépérit, il se décide à la livrer à la boucherie. La forme du ventre, le ballottement et le simple palper des parois abdominales indiquent qu'il y a ascite. Pendant la marche, la vache urine fréquemment par petits jets, ce qui indique un obstacle à l'évacuation urinaire. Ce sont les réflexions que je fais en regardant passer l'animal à son arrivée dans l'abattoir.

Le vétérinaire qui a conseillé au propriétaire de s'en défaire lui a déclaré qu'il existait une tumeur dans le bassin.

La cavité abdominale contient une vingtaine de litres de liquide à odeur légèrement urineuse. Le corps de la matrice forme une masse volumineuse dure et bosselée. Incisé dans le sens de la longueur, les parois, de 7 à 8 centimètres d'épaisseur, apparaissent constituées par un stroma fibreux dans lequel se trouvent noyées un grand nombre de tumeurs de volume variable, s'étant développées dans la couche musculo-conjonctive. Ces tumeurs, sans enveloppe fibreuse isolante proprement dite, d'une teinte rosée, ont une consistance ferme et une texture homogène. Les cornes sont moins profondément atteintes. Le canal vaginal est seulement rétréci ; sa muqueuse est épaissse et bourgeonnée, tandis que le canal utérin est réduit à un simple trajet fistuleux.

Les ovaires sont sains, mais les oviductes et les ligaments larges sont profondément atteints. La vessie a ses parois épaissies, deux à quatre centimètres suivant les endroits et infiltrées de petites tumeurs dans la couche moyenne. Au niveau du col, sur le plancher, se trouve la tumeur principale, de la grosseur d'un œuf d'oie, faisant l'office de clapet sur l'ouverture et empêchant la constriction de l'anneau musculaire, ce qui explique l'expulsion involontaire de l'urine, par jets, pendant la marche. La surface de cette tumeur à base très large est irrégulière, mamelonnée, bourgeonnante. Dans les autres parties de l'organe la muqueuse offre l'aspect irrégulier, chagriné qu'on observe dans la cystite chronique, ce qui me fait demander au propriétaire de l'animal si celui-ci a uriné le sang ; il me répond que non.

Les deux reins sont atteints d'hydronéphrose très avancée, mais le tissu restant n'est pas atteint par la néoplasie. Cette altération est due uniquement à la difficulté de la circulation de l'urine dans les uretères comprimés vers la partie où ils pénètrent dans la paroi vésicale. L'obstacle à l'écoulement urinaire est tel que le liquide suinte à travers les parois des reins et des uretères dilatés, infiltre la couche graisseuse environnante et se répand dans la cavité abdominale.

Les deux ganglions iliaques sont énormes. Le ganglion droit a le volume d'une tête d'enfant et le gauche celui du poing. Tous deux sont envahis par des noyaux néoplasiques d'âges différents, dont quelques-uns ont subi un commencement de mortification, par suppression circulatoire due à la compression des vaisseaux. Les capsules surrénales ainsi que le foie et le poumon sont indemnes. Il va sans dire que l'ensemble du cadavre présente les caractères d'une cachexie très avancée.

Les coupes micrographiques du tissu des tumeurs proprement dites représentent la structure classique du *carcinome*, tandis que celles des parties hypertrophiées intermédiaires montrent du *fibro-myome* parsemé de *noyaux carcinomateux*.

On sera sans doute surpris que dans ce paragraphe concernant les organes génitaux, je passe sous silence les *tumeurs de la mamelle*. Je suis très étonné moi-même de n'avoir pu recueillir un seul cas de cancer authentique de cet organe, soit épithéliome, soit carcinome, sur près de cent mille vaches. Toutes ses lésions inflammatoires, si variées, me sont passées bien des fois sous les yeux; j'y ai rencontré souvent des tumeurs plus ou moins volumineuses, mais n'ayant aucunement les caractères des véritables néoplasies malignes, si communes sur les mamelles de la chienne, même sur celles de la truie.

ORGANES RESPIRATOIRES

Je n'envisagerai ici que la partie thoracique de l'appareil respiratoire, c'est-à-dire le poumon, ainsi que la plèvre médiastine et costale avec laquelle il entretient des rapports si étroits.

Poumon. — Chez les bovins, les lésions chroniques du poumon sont des plus fréquentes et des plus variées : tuberculose, broncho-pneumonie catarrhale, pneumonie interstitielle, sclérose, emphysème, actinomycose, collections purulentes et fistules produites par des corps étrangers provenant du réseau, etc.

Le tissu de cet organe se prête peu à la formation des néoplasies; aussi est-ce exceptionnellement que l'infection secondaire parvient à l'atteindre. Trois fois seulement j'ai observé l'envahissement de ce viscère par des noyaux dérivés de tumeurs sises sur des organes éloignés : carcinose généralisée atteignant le foie, les reins, les capsules surrénales et le *poumon*; sarcome de la matrice avec noyaux secondaires dans le *poumon*; sarcome testiculaire avec généralisation s'étendant au *poumon* et à la plèvre.

D'un autre côté, je n'ai rencontré que trois exemples d'infection primitive de l'organe; et certes aucun cas ne m'est passé inaperçu, puisque ce viscère est examiné chez chaque sujet, encore adhérent à l'une des moitiés du cadavre. En tous cas, ils doivent être fort rares, car je n'en ai trouvé aucune relation dans nos annales, en ce qui concerne les bovins.

Observation I (13 août 1890). — Bœuf de cinq ans, amené en voiture parce que la marche lui est extrêmement pénible. En effet, il est très essoufflé et il est porteur d'un œdème énorme au fanon. Les veines jugulaires sont bien apparentes.

A l'ouverture de la poitrine apparaît une tumeur médiastine ovoïde, allongée en fuseau, du poids de 7 kilogr. 500. Tous les ganglions pectoraux sont énormes ; l'épaule droite est séparée de la cage thoracique par une masse ganglionnaire pesant 4 kilos. La chaîne ganglionnaire abdominale est également atteinte, bien que tous les organes de cette cavité soient indemnes.

Le lobe gauche du poumon est littéralement farci de tumeurs dont la grosseur varie entre celle d'une noix et le volume d'un œuf. Dans le lobe droit elles paraissent encore plus condensées, mais elles sont plus petites. Elles donnent à l'organe, dans son ensemble, une surface bosselée très irrégulière et l'apparence extérieure d'un viscère profondément tuberculeux ; à la simple incision il est facile de reconnaître qu'il ne s'agit pas de tuberculose.

On voit très nettement que ces noyaux néoplasiques ont pris naissance dans le tissu conjonctif interlobulaire. Le parenchyme proprement dit n'est pas atteint, mais seulement comprimé. On retrouve même des ilots de tissu pulmonaire sain complètement entourés par la néoplasie. Les tumeurs, sans enveloppe fibreuse organisée, pour la plupart, sont entourées d'une zone d'infiltration séro-plastique, sans doute par suite de l'entrave apportée à la circulation. Celles qui débordent à la surface du poumon ne sont pas ulcérées et il n'y a pas contact direct avec la plèvre costale.

Sur les coupes le tissu apparaît avec une teinte gris-rougeatre dans la plupart des tumeurs, celles qui sont le plus récentes ; jaune grisâtre dans d'autres et enfin, jaunâtre dans celles qui sont en voie de ramollissement et entourées d'une coque fibreuse isolante. En résumé, on y rencontre toutes les phases du développement à côté de celles de la dégénérescence.

Dans la tumeur ganglionnaire principale et dans les autres ganglions, on ne trouve pas de noyaux complètement ramollis, mais en certains points la dégénérescence a commencé son œuvre. Il est donc très apparent que les foyers les plus anciens siègent dans le poumon.

Le cœur et le péricarde sont intacts. L'œdème du fanon était dû uniquement à la gêne de la circulation de retour résultant de la compression des gros troncs veineux par les masses ganglionnaires hypertrophiées, surtout vers l'entrée de la poitrine.

L'examen micrographique des tumeurs pulmonaires a établi qu'il s'agissait d'une néoplasie de *nature sarcomateuse*. Les ganglions eux-mêmes n'étaient plus qu'un tissu de même nature, toutes traces des éléments lymphoïdes ayant disparu. Les chairs étaient humides et cachectiques.

Observation II (10 juillet 1904). — Vache de dix ans, en bon état et ayant toutes les apparences d'une excellente santé. Cependant, son poumon est farci de tumeurs de la grosseur d'une noisette à celle d'une noix, donnant à la surface de l'organe l'aspect d'une tuberculose diffuse. Le lobe droit adhère entièrement à la plèvre costale.

A la section, le tissu néoplasique apparaît gris-jaunâtre, homogène et peu consistant. Le pourtour des noyaux est irrégulier et en certains endroits il existe de véritables traînées interlobulaires. Les ganglions médiastinaux sont hypertrophiés et déjà infiltrés par le néoplasme. Il en est de même de la chaine ganglionnaire sous-dorsale. Le corps même d'une vertèbre dorsale a sa trame osseuse très visiblement infiltrée par les éléments néoplasiques. Le rein gauche présente également dans sa couche corticale quelques petits noyaux bien circonscrits. Rien dans les autres organes.

On se rend facilement compte que le point de départ de l'infection se trouve dans le poumon, dont le tissu alvéolaire est détruit par refoulement. La texture des tumeurs est celle du *sarcome*. On ne rencontre pas, comme dans le cas précédent, des îlots de tissu pulmonaire sain dans les noyaux néoplasiques et ceux-ci sont moins bien circonscrits. Sur les limites, l'alvéole apparaît refoulée et comprimée par les cellules sarcomateuses faisant même hernie dans la cavité alvéolaire, après avoir déterminé le gonflement, puis la desquamation des cellules endothéliales; celles-ci sont par suite détruites, car on n'en retrouve pas trace au sein du tissu envahissant.

Observation III (4 mars 1905). — Vache âgée, en assez bon état, abattue pour les fournitures militaires.

Le poumon est volumineux, dur, incompressible et sa surface est parsemée de petits îlots grisâtres tranchant net avec le tissu pulmonaire. Je crois tout d'abord à une tuberculose granuleuse. L'incision montre toute la trame de l'organe infiltrée de petits nodules irréguliers, de la grosseur d'un pois à celle d'une noisette et n'ayant point du tout l'aspect des nodules tuberculeux. Leur matière est uniformément grisâtre et ils sont dépourvus de coque isolante. En beaucoup d'endroits, cette même matière forme des traînées sinueuses plus ou moins épaisses circonscrivant des groupes alvéolaires; on dirait que les travées conjonctives interlobulaires sont redevenues à l'état embryonnaire, comme dans la pneumonie interstitielle, mais avec moins d'ampleur. Cela représente, en somme, l'infiltration séreuse péripneumonique, avec son damier caractéristique, avec cette différence qu'ici la sérosité est remplacée par des éléments cellulaires.

Sans la présence des petites tumeurs, on aurait été bien embarrassé de conclure à une infection néoplasique par le seul examen macroscopique.

Les ganglions médiastinaux seuls sont hypertrophiés et infiltrés et l'on aperçoit dans leur trame des traînées semblables à celles du poumon. Tous les autres organes sont sains.

A l'analyse micrographique de ces lésions curieuses, il m'a été facile de reconnaître qu'il s'agissait d'une *sarcomatose pulmonaire* débutante.

ORGANES A FONCTIONS INDÉTERMINÉES

Capsules surrénales. — Les capsules surrénales sont, chez le bœuf, les organes dans lesquels j'ai rencontré le plus souvent des tumeurs cancéreuses primitives. A février 1900, j'en avais relevé douze cas; depuis, je ne les note plus, car j'ai cessé de les considérer comme des curiosités pathologiques. Au cours même de la rédaction de ce chapitre, deux exemples se sont encore présentés à mon observation (1). Aussi suis-je

(1) 21 juillet 1905. — Carcinome de la capsule surrénale droite, poids 1 kilog. 250.

26 juillet 1905. — Carcinome de la capsule droite, poids 2 kilog. 500. Le rein correspondant a doublé de volume; sa couche médullaire seule est atteinte et la com-

vraiment surpris de n'en trouver aucune relation, soit dans nos classiques,
soit dans nos périodiques. La bibliographie étrangère ne fait mention
que du cas de Görig (2), directeur de l'abattoir de Karlsruhe, et de ceux
rapportés par Horne, secrétaire vétérinaire au ministère de l'agriculture
à Kristiania, en 1895, dans le *Norsk veterinartidsskrift*, et tout récemment dans la *Revue générale de médecine vétérinaire* (1). Bien qu'en ayant
vu actuellement au moins vingt-cinq cas, j'ai la certitude que beaucoup
de néoplasies débutantes ont pu m'échapper, en raison de la situation
qu'occupent les reins succenturiés entre les gros troncs sanguins et les
reins, région presque toujours recouverte d'une couche adipeuse plus
ou moins épaisse qui les masque à la vue. Ce n'est que lorsque la tumeur
acquiert un certain développement qu'elle attire l'attention. Néanmoins,
j'ai pu, dans quelques cas, saisir l'altération presque à son début (voir
fig. II et III).

L'altération capsulaire peut être secondaire, ainsi qu'on a pu le voir
dans les observations précédentes, mais dans la plupart des cas, la capsule est le siège de la tumeur primitive, et s'il y a d'autres organes
atteints, il est facile de constater que l'infection est consécutive. Du reste,
je laisserai de côté les observations de cancer généralisé dans lesquelles
les capsules surrénales étaient atteintes en même temps que d'autres
organes et à un degré avancé, et je m'en tiendrai aux cas où l'altération
capsulaire, nettement primitive, ne peut être mise en doute. Je me bornerai du reste à la relation très brève des douze premiers exemples que
j'ai consignés, car, sauf quelques variantes de volume et d'aspect de
coupes, la similitude au point de vue anatomo-pathologique est complète
pour la plupart.

Frappé de la fréquence de cette affection non signalée, j'en entretenais,
en 1899, la Société de médecine du Limousin (2). Je lui soumettais plu-
plusieurs échantillons de carcinomes des capsules surrénales à des
degrés divers de développement, en faisant observer que je rencontrais
assez souvent ce genre de tumeur localisée dans l'organe en question,
mais très exceptionnellement sur les deux à la fois, sans que les sujets

pression des tubes urinifères qui en est résultée a déterminé l'hydropisie de tous les
corpuscules de Malpighi apparaissant sous forme de petits kystes de la grosseur
d'un grain de chénevis, ce qui donne à la coupe de la couche corticale l'aspect d'une
éponge très fine.

(1) Görig, *Primäris Carcinom der Nebenniere bei einer Kuh*. Deutsche tirarztliche
Wochenschrift, 1896.

(2) Halvor Horne, *Sur les tumeurs cancéreuses primitives des capsules surrénales
du bœuf* (Revue générale de médecine vétérinaire, 15 juillet 1905).

(3) Detroye, Du carcinome primitif des capsules surrénales chez le bœuf. —
Limousin médical, 1899.

fussent atteints de troubles analogues à ceux de la maladie d'Adison. Ayant remarqué que dans plusieurs cas de généralisation il était facile de se rendre compte que le point de départ de l'infection se trouvait dans une capsule atteinte, je croyais devoir attirer l'attention des médecins sur ce fait, parce que l'on pouvait se demander s'il n'existait pas quelque relations entre la genèse carcinomateuse et l'altération capsulaire.

Observation I (22 octobre 1890). — Vache âgée, en assez bon état, amenée en voiture parce qu'elle est faible sur son train postérieur. En effet, après l'habillage, on voit des infiltrations musculaires dénotant que l'animal était resté longtemps couché.

Au niveau de la région rénale gauche, se trouve une tumeur énorme entourée d'une zone infiltrée. Il y a péritonite localisée. A première vue, je prends cette tumeur pour le rein hypertrophié ; mais après l'avoir détachée avec précaution, l'organe rénal apparaît sain, plutôt diminué volume. On ne trouve naturellement pas trace de capsule surrénale de ce côté ; la néoplasie qui la représente a une coque fibreuse très épaisse et sillonnée de vaisseaux énormes, variqueux, rampant à sa surface. Sa coupe apparaît entrecoupée par un grand nombre de cloisons fibreuses supportant les vaisseaux et fournissant elles-mêmes tout un réseau de travées secondaires.

Dans beaucoup de lobes, le tissu, très friable, a absolument l'aspect de celui de la rate ; dans d'autres, c'est une substances jaunâtre, molle, ressemblant à de la matière cérébrale parsemée de stries sanguines ; enfin, une partie est occupée par d'énormes caillots de sang plus ou moins altéré. A part, un caillot de la grosseur du poing provenant d'une hémorragie récente. On rencontre aussi, disséminés dans la masse, des petits noyaux caséeux dont le volume varie entre celui d'un pois et celui d'une petite noix ; ils sont constitués par du tissu mortifié. Ils n'existe pas trace de substance capsulaire.

La tumeur pesait un peu plus de six kilos. Son étude histologique a révélé qu'il s'agissait d'un *carcinome encéphaloïde*. Aucun autre organe n'était atteint. La néoplasie exerçait une compression sérieuse des gros troncs vasculaires, gênant ainsi la circulation dans tout le train posté-rieur, ce qui explique sa faiblesse.

Observation II (30 décembre 1890). — Vache en bon état et en excel-lente santé apparente. Tous ses organes sont absolument sains. Seule la capsule surrénale droite est remplacée par une tumeur globuleuse de la grosseur du poing formant empreinte sur le rein correspondant, en le refoulant en arrière et en dehors.

Cette tumeur de molle consistance, fluctuante, présente une coque fibreuse très mince, parcourue par un réseau vasculaire fort développé. A la coupe, le contenu offre absolument l'aspect d'une cervelle de veau un peu altérée, dont la matière a commencé de se dissocier. Cette subs-tance jaune grisâtre, maintenue par un réseau fibreux très délicat, est creusée de vacuoles de dimensions variées, remplies de lymphe claire ou un peu opaline. Tout l'ensemble, même les points dépourvus de vacuoles offrent une très faible consistance et ressemblent à de la matière céré-brale. Il n'existe aucune trace de tissu capsulaire.

Au premier coup d'œil je pense avoir affaire à un sarcome encéphaloïde, mais la dissociation sous un jet liquide met à nu un fin stroma supportant les vaisseaux. Une fine parcelle fraîche mise et comprimée entre la lame et la lamelle montre, à un faible grossissement, des fibres conjonctives emprisonnant des cellules de formes variées, la plupart arrondies ou ovales, granuleuses, avec noyaux très apparents. Ces cellules nagent dans une lymphe également granuleuse. Il s'agit donc d'un *carcinome encéphaloïde*. Aussitôt après son extraction la matière cancéreuse a servi à des essais de transmission.

Observation III (14 avril 1897). — Vache de six ans, amaigrie, que l'on croit atteinte de tuberculose. Les ganglions du cou, de l'épaule et du flanc sont tuméfiés.

A l'ouverture du cadavre on voit que tout le système ganglionnaire est envahi ; les ganglions sont énormes, mais leur coupe ne montre aucun tubercule. Par contre, tous les organes ou viscères sont absolument sains, sauf les deux capsules surrénales.

La capsule droite est représentée par une tumeur oblongue, de la grosseur d'un œuf d'oie, portant à son extrémité postérieure un appendice rougeâtre, dernier vestige du tissu capsulaire. La tumeur elle-même, nettement délimitée, a une coque assez épaisse, peu vasculaire. Le contenu ressemble à du pus caséifié, emprisonné dans les mailles fines d'un stroma fibreux.

La capsule gauche, légèrement hypertrophiée dans son ensemble, a sa couche corticale indemne, mais sa zone médullaire est nettement envahie par le néoplasme qui s'est, pour ainsi dire, substitué à elle. A l'examen histologique on y retrouve encore les éléments du *carcinome* ; mais dans la tumeur ces éléments ont subi, en grande partie, la dégénérescence granulo-graisseuse. Il est manifeste que le point de départ de l'infection ganglionnaire a été cette tumeur capsulaire.

Observation IV (24 avril 1897). — Velle de deux mois, en bon état et présentant toutes les apparences de la santé.

Les deux reins ont doublé de volume et celui des capsules surrénales est au moins quadruplé. Les lobules rénaux présentent à leur surface des boursouflures très condensées, en forme de petits champignons, plongeant en coin dans la couche corticale, et constituées par un tissu jaune-grisâtre homogène. Tous ces ilots sont séparés par du tissu sain bien délimité, sauf dans quelques lobules dont toute la substance corticale est complètement transformée. Cependant la zone médullaire est partout intacte. Tout le pannicule périrénal est infiltré.

Les deux capsules ne présentent pas les ilots observés sur les reins ; leur coupe est partout homogène, jaune-grisâtre et l'on ne peut plus faire de distinction entre la couche médullaire et la couche corticale. Il n'existe *apparemment* aucune trace de tissu normal. Il ne paraît pas douteux que leur altération a devancé celle des reins, atteints secondairement. Les ganglions environnants sont seulement infiltrés, mais non altérés.

Les coupes faites avec le tissu surrénal montrent celui-ci complètement dissocié par des éléments embryonnaires. Les petites tumeurs rénales ont la *textuxe sarcomateuse*.

Aucun autre organe n'était atteint. Comme je l'ai déjà dit, cette profonde altération capsulaire et rénale n'avait pas encore eu de retentissement sur l'état général du jeune sujet.

Observation V (21 janvier 1898). — Vache de huit ans en très bon état de chair et de graisse. Le propriétaire, que je connais, me dit s'être aperçu il y a quelques jours que la bête perdait l'appétit, baissait souvent la tête, devenait faible et avait la démarche lente ; c'est pourquoi il n'hésite pas à s'en défaire pour la boucherie.

Malgré la belle apparence de l'animal, les muqueuses sont très pâles. Le côté droit de l'abdomen est un peu abattu. Cependant dès le lendemain de l'achat, la vivacité semble revenue, ainsi qu'un peu d'appétit, si bien que le boucher, qui ne se doute de rien, la sacrifie seulement au bout de six jours.

A l'ouverture de l'abdomen il s'écoule huit à dix litres de sérosité sanguinolente ; puis apparaît une tumeur énorme dans le flanc droit, que le boucher croit, à première vue, être la matrice contenant un fœtus mort. Le péritoine pariétal et viscéral est très enflammé et des caillots sanguins y adhèrent dans plusieurs points.

Après avoir séparé le tissu adipeux de la masse et enlevé d'énormes caillots sanguins, je découvre la tumeur proprement dite, sphéroïdale, légèrement bosselée, ayant projeté le rein correspondant en dehors et en arrière, tout en le recouvrant. La néoplasie, qui représente la capsule surrénale droite, pèse un peu plus de huit kilog. L'énorme caillot sanguin adhérent à la tumeur faisait hernie à travers le pannicule adipeux et la séreuse, ce qui explique la présence des autres caillots dans la cavité abdominale elle-même. A cette déchirure péritonéale correspond celle de la coque fibreuse de la tumeur, longue de cinq à six centimètres sur sa face inférieure. La solution de continuité de l'enveloppe intéresse en même temps une veine rempant à sa surface, de la grosseur d'un crayon et comprend une profonde épaisseur du tissu néoplasique lui-même. L'hémorragie ne s'est arrêtée que par le tamponnement produit par le caillot suspendu à la plaie.

La tumeur sectionnée en deux dans le sens de sa déchirure apparaît constituée de plusieurs lobes de la grosseur du poing, renfermant : les uns, une matière jaunâtre semblable à de la substance cérébrale ; les autres, une sorte de magma d'apparence pultacée ; d'autres, un tissu gris-rougeâtre, vineux, parsemé de vacuoles contenant, soit une matière gélatineuse, soit un liquide albumineux de couleur lie de vin. Il existe beaucoup d'îlots de matière nécrosée. Les travées fibreuses principales qui séparent les lobes et les îlots ont une épaisseur variant de un demi à un centimètre et elles sont parcourues par des vaisseaux énormes dont les divisions suivent celles du stroma. Quelques-unes des travées présentent des noyaux d'ossification étendus et la coupe de plusieurs îlots montre que leur tissu est entrecoupé de lamelles osseuses.

Le rein droit correspondant à la tumeur a triplé de volume ; son tissu est très congestionné, mais il ne renferme pas trace de l'infection néoplasique. On voit très bien que cette altération récente est due à la compression des veines rénales.

La tumeur était manifestement *de nature carcinomateuse*, avec des noyaux d'âge différent, les extrêmes étant représentés par les carcinomes *encéphaloïde* et *ossifiant*. Le développement a été d'une intensité telle que la pression du contenu a fait éclater le contenant.

Observation VI (22 décembre 1898). — Vache âgée de 10 ans, en bon état.

Au niveau de la capsule surrénale droite je rencontre une tumeur ovoïde de la grosseur d'un œuf d'oie, à l'extrémité de laquelle émerge l'extrémité de l'organe restée intacte.

La consistance de la tumeur est dure et la pression des doigts donne une sensation très nette de crépitation. Lorsque je la sectionne par le milieu, suivant son grand axe, le tissu résiste et crie sous la lame du scalpel comme s'il était farci de grains de sable. La dernière partie de la division étant faite par écartement, la brisure est très nette et granuleuse et laisse voir un fin stroma fibreux qui se rupture facilement. Il n'existe pas de grosses travées comme dans les autres cas, aussi la surface tranchée avec l'instrument apparait homogène dans toute son étendue. La coque est très mince et peu vascularisée. Les autres organes et les ganglions sont indemnes.

Sur les coupes micrographiques on retrouve les fines cloisons fibreuses emprisonnant des cellules carcinomateuses ayant subi la dégénérescence granulo-graisseuse ; et dans le magma granuleux qui résulte de leur dissociation nagent de nombreux noyaux calcaires. En de rares endroits on rencontre des groupes d'éléments normaux ou légèrement altérés.

En somme, la tumeur qui, au simple examen macroscopique, aurait pu être prise pour une néoplasie ossifiante, n'était qu'un carcinome ayant subi la dégénérescence granulo-graisseuse et la calcification.

Observation VII (1er février 1899). — Vache âgée, en bon état, chez laquelle rien n'attire l'attention. A mon inspection, je trouve la capsule gauche remplacée par une tumeur de la grosseur des deux poings réunis, de faible consistance, presque fluctuante, dont l'enveloppe fibreuse est parcourue à sa surface par des vaisseaux variqueux. La coupe montre un stroma fibreux très délié, servant de support aux vaisseaux et renfermant dans ses cloisons une substance jaune-grisâtre. Pas traces de tissu sain.

C'est encore un type de *carcinome encéphaloïde*. Aucun autre organe n'est atteint. Je n'insiste pas en raison du rapprochement de ce cas avec les précédents.

Observation VIII (16 janvier 1900). C'est encore un cas de *carcinome encéphaloïde* type rencontré sur une vache de boucherie en bon état. La tumeur capsulaire, du poids de 2 kil. 300, intéresse la capsule gauche dont une partie, restée saine, émerge encore à la surface de la coque néoplasique. L'autre capsule et les reins sont indemnes.

La matière de cette *tumeur carcinomateuse* a servi à des ensemencements et à des essais de transmission.

Observation IX (20 janvier 1900). Lors de mes inspections, mon attention se portait naturellement depuis quelque temps sur la région des capsules afin d'arriver à rencontrer un cas de *carcinose débutante* sur ces organes. Les circonstances m'ont bien favorisé, ainsi qu'on peut en juger par les dates si rapprochées de quelques observations.

Voici en effet la première observation de tumeur débutante trouvée sur l'une des capsules (j'ai oublié de relever si c'était la droite ou la

gauche, mais peu importe). Comme on peut s'en rendre compte (Figure II),
l'organe n'a guère plus que son volume normal, mais il n'a pas sa forme
ordinaire.

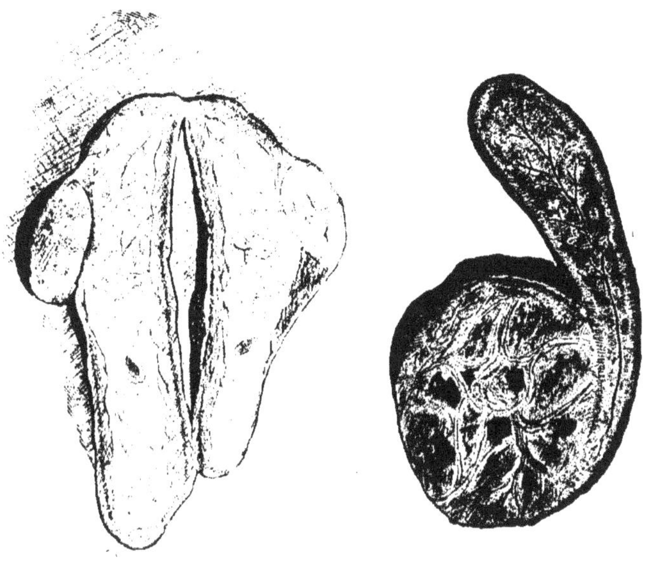

Fig. 2.   Fig. 3.

Carcinomes débutants des capsules surrénales. Coupe longitudinale, grandeur naturelle.

Sa surface est légèrement bosselée; le hile n'est plus apparent et il n'y
a pas de différence tranchée entre les deux couches.

Sur la grande courbure apparaît une petite tumeur bien délimitée, de
la grosseur d'une noisette, faisant saillie à sa surface. Le tissu capsulaire,
sur la coupe, a une teinte grisâtre uniforme et l'on voit bien qu'il y a
déjà infiltration générale de l'organe, ce dont on se rend encore mieux
compte sur les coupes micrographiques. La petite néoplasie est essentiellement de *nature carcinomateuse*, mais les éléments du stroma sont
extrêmement ténus.

Observation X (6 février 1900). — Vache de dix ans, en bon état.

La capsule surrénale droite est remplacée par une tumeur ovale du
volume des deux poings, à coque épaisse, sillonnée de grosses veines.
La tumeur, incisée en long, apparaît divisée par de larges travées
fibreuses se divisant à l'infini dans le tissu propre et supportant les vaisseaux. Elle est par conséquent constituée par un grand nombre de noyaux
séparés ayant une consistance et des nuances différentes. Beaucoup
d'entre eux ont subi la dégénérescence granulo-graisseuse par suppression circulatoire, car on trouve plusieurs vaisseaux obturés. Il existe également un certain nombre de foyers hémorragiques d'âge variable. On
ne trouve aucune trace de tissu normal.

La veine capsulaire qui dessert maintenant la néoplasie est énorme, dilatée, variqueuse. Vers son embouchure, sa paroi interne présente une végétation grosse comme une noisette, ulcérée, fongueuse, grise-rougeâtre, dont l'extrémité libre fait saillie dans la veine cave. Plus près de la tumeur existe dans la même veine une autre petite production non encore ulcérée.

Les ganglions, les reins et l'autre capsule ne sont pas atteints, mais le foie renferme un grand nombre de petits noyaux secondaires bien circonscrits. Il est incontestable que cette infection hépatique s'est effectuée par la voie veineuse qui s'est chargée de charrier les éléments cellulaires détachés de la petite excroissance ulcérée. La tumeur principale, de même que les végétations et les noyaux secondaires, ont présenté à l'analyse micrographique une texture les rattachant nettement *au carcinome*.

Observation XI (13 février 1900). — Vache en bon état chez laquelle la capsule surrénale gauche porte une tumeur bosselée, lobée, de la grosseur d'une tête d'enfant et du poids de 2 kilogr. 800 (Figure IV). Cette néoplasie, à coque peu épaisse, parcourue de gros vaisseaux, offre une faible consistance ; elle est fluctuante comme un kyste. Au lieu d'englober l'organe, elle se trouve greffée sur une extrémité ; aussi voit-on la partie restée saine de la capsule émerger à la surface de la production. Le tissu normal et le tissu néoplasique sont nettement séparés par la coque fibreuse. La tumeur comprime les vaisseaux du rein correspondant qui se trouve fortement congestionné.

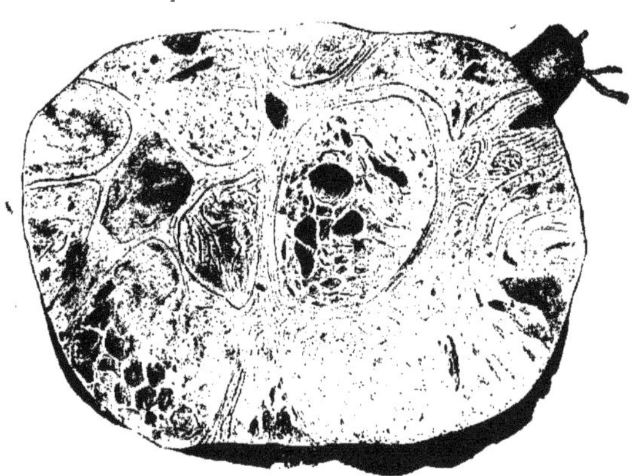

Fig. 4. — Carcinome de la capsule surrénale gauche, coupe longitudinale, 1/4 grandeur naturelle

Sectionnée vers son milieu, la néoplasie apparaît formée par une dizaine de lobes principaux séparés par d'épaisses travées fibreuses parcourues en tous sens par de gros vaisseaux. Chaque lobe, parsemé de fines brides, représente une sorte de caverne cloisonnée dont le contenu est : soit une lymphe citrine claire, soit un liquide sanguinolent, soit une sorte de magma putrilagineux dans lequel nagent des noyaux nécrosés.

Six lobes principaux, d'une couleur grise-verdâtre, sont entrecoupés de foyers hémorragiques. D'autres, de couleur jaunâtre, à trame plus serrée, sont en voie d'organisation plus avancée et les éléments figurés y sont plus denses ; mais ils présentent aussi quelques vacuoles à contenu séro-sanguinolent. L'aspect de ces derniers est nettement *encéphaloïde*, tandis que les autres, en voie d'évolution, ont une apparence plutôt myxomateuse, sans avoir la constitution du myxome.

En somme, l'ensemble peut-être comparé à une éponge grossière imbibée, dans certains points, de liquide séro-gélatineux sanguinolent et, dans d'autres, de pulpe cérébrale. De la coupe il s'écoule une grande quantité de lymphe plastique rosée. La *nature carcinomateuse* de la néoplasie est évidente. Plusieurs inoculations ont été faites avec les produits de cette tumeur.

Observation XII (15 février 1900). — Il s'agit d'un *carcinome* débutant de la capsule surrénale gauche, développé comme on le voit (Figure III) à l'extrémité de l'organe. Il a le volume d'une petite mandarine. Sa forme et sa texture sont la reproduction réduite du cas précédent. La néoplasie est bien délimitée et son développement tout à fait indépendant de la partie capsulaire dont le tissu est resté absolument normal.

Comme je l'ai dit, depuis la date de cette observation j'ai encore rencontré beaucoup de cas identiques de carcinome primitif des capsules, mais leur constatation ayant perdu son importance par suite du nombre d'exemples déjà relevés, je ne les ai plus consignés sur mon registre d'observations.

La carcinose des capsules surrénales chez les bovins n'est donc pas une entité morbide rare. Insoupçonnable au début, son diagnostic clinique reste par la suite d'autant plus difficultueux que l'altération capsulaire localisée ne se manifeste pas par des symptômes spéciaux et ne semble guère influer sur l'état général du sujet. Quand la tumeur est volumineuse, la compression qu'elle exerce sur les gros troncs vasculaires détermine bien une faiblesse plus ou moins accentuée du train postérieur; mais ce signe est commun à beaucoup d'affections. On en est donc réduit à une diagnose par induction. Il est seulement acquis que la faiblesse progressive de l'arrière-train, injustifiée par des signes précis d'une autre maladie, surtout si l'intégrité de l'appareil génito-urinaire est reconnue, autorise à soupçonner l'altération capsulaire. Alors l'exploration interne peut venir en aide, attendu que dans ce cas, la néoplasie sessile, fixe et située presque dans l'axe du corps, en avant et en dedans du rein, ne peut guère être confondue avec une hypertrophie rénale ou une tumeur ovarienne.

Rate. — Les néoplasies doivent être fort rares dans cet organe. Pour mon compte, je n'y ai rencontré, chez les bovins, aucun cas de cancer primitif et seulement deux fois des noyaux secondaires. Cette sorte d'immunité tient sans doute à sa texture même et à ce que son système vasculaire spécial le maintient à l'écart des perturbations qui atteignent les grands appareils organiques avec lesquels il n'entretient pas de relations fonctionnelles directes. Les seules tumeurs qu'on y trouve assez souvent sont des hématomes. Il est vrai que son infection tuberculeuse secondaire est fréquente, mais elle s'opère surtout par voie de continuité ou de contact.

ORGANES CIRCULATOIRES

Cœur et vaisseaux sanguins. — S'il arrive assez fréquemment, comme le démontrent quelques-unes des observations précédentes, que les artères et les veines ont leur tuniques envahies par des néoplasies soit par voie de continuité ou de contact, soit par greffe embolique, cet envahissement n'est que secondaire ou consécutif. Jamais l'on n'a observé, que je sache, le cancer primitif sur les vaisseaux sanguins.

Le cœur lui-même peut-il être atteint par continuité (péricardite ou cardite cancéreuse) ou par greffe (endocardite cancéreuse)? C'est possible ; mais je ne connais et je n'ai rencontré aucun cas de cancer secondaire de cet organe dans mes nombreuses observations de carcinose généralisée.

Cependant Moussu (1) reconnaît une variété de péricardite cancéreuse généralement secondaire et signale même un cas de péricardite cancéreuse primitive dans lequel les tumeurs siégeaient exclusivement à la périphérie du myocarde. J'ai rencontré plusieurs fois des tumeurs de ce genre, sortes de champignons sessiles implantés dans le tissu du viscère, mais ces productions m'ont paru avoir une origine purement inflammatoire (péricardite végétante, ulcéreuse). Quelle que soit leur étendue elles ne semblaient pas avoir le caractère envahissant et la tendance à la généralisation des néoplasies cancéreuses proprement dites, bien que leur structure histologique se rapprochât du fibro-sarcome. Je n'ai donc pas cru devoir les considérer comme des tumeurs cancéreuses.

Il en est de même des tumeurs qu'on rencontre exclusivement sur l'endocarde ou sur les valvules qui, si elles étaient de nature maligne, seraient bien placées pour déterminer une infection générale très rapide. Elles n'ont de la néoplasie cancéreuse que l'apparence extérieure.

____

(1) Moussu, *Traité des maladies du bétail*, p. 368.

Pion (1), Larrue (2), Borgeaud (3) en ont rapporté des cas ; j'en ai observé deux exemples que je vais relater très sommairement.

Observation I (24 juin 1904). — Vache de six ans, en très bon état. La démarche est pénible, les arrêts fréquents et la respiration haletante. Il existe un fort œdème au fanon et les jugulaires sont énormes. Un examen très superficiel indique une matité cardiaque si étendue des deux côtés qu'elle fait craindre un œdème pulmonaire consécutif à une altération cardiaque. Je songe donc à des lésions étendues de péricardite traumatique, tout en conservant des doutes, ce qui me fait assister à l'abatage, qui a lieu sur le champ.

Le poumon est sain, mais le péricarde contient près de deux litres de sérosité, bien qu'il n'y ait pas trace d'inflammation de la séreuse. Le cœur, dans son ensemble, est flasque. L'oreillette droite apparaît considérablement dilatée et sa paroi est très amincie. Au niveau de l'orifice auriculo-ventriculaire, on perçoit, à travers la paroi, une sorte de noyau résistant qui, mis à nu par l'incision de l'organe, se présente sous forme d'une tumeur bourgeonnante, de trois à quatre centimètres d'épaisseur, obstruant l'orifice. Cette tumeur n'est, en somme, que la valvule tricuspide énormément hypertrophiée. L'orifice n'est plus qu'un trou irrégulier anfractueux, que l'extrémité du doigt a de la peine à franchir.

La base de la tumeur, qui fait corps avec la paroi, a l'apparence fibrineuse stratifiée et son centre est tombé en dégénérescence ; on n'y trouve bien entendu aucune trace d'irrigation vasculaire. La périphérie est, au contraire, constituée par une couche plus ou moins épaisse et très irrégulière d'éléments embryonnaires, très friable et de bien faible consistance. Dans tous les autres points, la séreuse endocardique est normale.

Dans ce cas, le point de départ de la production a certainement été une endocardite valvulaire. Les coupes montrent, en effet : que la première couche initiale fait corps et se confond avec la paroi valvulaire et ventriculaire ; que les dépôts successifs stratifiés sont régulièrement constitués par un lit de fibrine recouvert d'éléments cellulaires mortifiés et désagrégés ; que seule la couche périphérique cellulaire épaisse est vivante, bien que ses éléments profonds, en contact avec la zone mortifiée, soient eux-mêmes en voie de dégénérescence.

Tout le système conjonctif et adipeux du sujet est infiltré, œdématié. Au dire du propriétaire, la bête n'était apparue souffrante que depuis un mois environ, quoique les lésions remontassent à une date beaucoup plus éloignée.

Observation II (26 octobre 1904). — Vache de huit à neuf ans, en bon état de chair et de graisse, amenée en voiture, car c'est à peine si elle peut se lever et marcher. Il existe un volumineux œdème au fanon. Les jugulaires sont énormes, mais il n'y a pas de pouls veineux. Il n'y a pas de matité péricardiaque. Les contractions sont brusques et sèches et l'on ne perçoit aucun bruit anormal.

(1) PION et GRAMAIX, *Tumeur dans le cœur droit d'une vache de nourrisseur* (Bulletin de la Société centrale, 1896).

(2) LARRUE, *Tumeur myxcomateuse dans le ventricule gauche du cœur d'une vache* (Progrès vétérinaire, 1898).

(3) BORGEAUD, *Endocardite valvulaire chez une vache* (Bulletin de la Société des vétérinaires vaudois, 1899).

Le péricarde renferme une très petite quantité de sérosité et ne présente aucune trace inflammatoire. Le cœur est volumineux dans son ensemble, mais très flasque. L'oreillette est très distendue et ses parois bien amincies, tandis que le ventricule correspondant semble plutôt réduit. Au niveau de la cloison auriculo-ventriculaire, on perçoit, au palper, une résistance dure donnant l'impression d'une tumeur intérieure. En effet, l'organe étant incisé, je rencontre à la place de la valvule, sur le côté externe principalement, une production ayant au moins cinq centimètres à sa base, à surface très irrégulière, boursouflée de végétations très friables, rosées, ressemblant à des fraises.

La section de la tumeur la montre constituée par trois couches superposées. La première, qui forme la base, insérée sur la paroi cardiaque avec laquelle elle se confond, comprend uniquement du tissu fibreux très dense. La couche moyenne, la plus épaisse, est un tissu jaunâtre, spongieux, nécrosé, s'effritant très facilement sous la pression des doigts. Le revêtement extérieur est constitué par une couche de cellules embryonnaires plus ou moins épaisse, fort irrégulière et formant des végétations les unes sessiles, les autres pédiculées. Ce tissu est essentiellement friable et des parcelles auraient pu facilement se détacher sous le choc de la systole. Nulle trace de vaisseaux dans les trois couches.

L'orifice auriculo-ventriculaire n'existe pour ainsi dire plus ; il est remplacé par un pertuis irrégulier, anfractueux, laissant à peine passage, en forçant, à l'extrémité du petit doigt. La quantité de sang auquel il livrait passage devait être infime et il est étonnant que la vie ait pu être compatible avec un tel trouble circulatoire. Il est aussi surprenant qu'en raison de la grande friabilité du tissu obstructeur, il ne se soit pas produit d'embolie pulmonaire.

Les autres organes étaient sains, sauf les reins, un peu congestionnés et le poumon légèrement atteint d'emphysème. L'infiltration générale des tissus était telle que le cadavre ruisselait de sérosité. Comme dans le cas précédent, la production devait être consécutive à une inflammation valvulaire.

Au dire du propriétaire, la maladie de sa vache avait débuté par une boiterie du train postérieur. Il ne s'était agi probablement que d'un engourdissement dû à la stase sanguine.

Ganglions et vaisseaux lymphatiques. — On sait le rôle important, — mais non exclusif, — que joue la circulation lymphatique dans la généralisation des tumeurs malignes ; en effet, le terme de généralisation sous entend infection ganglionnaire. Il est exceptionnel de rencontrer des noyaux néoplasiques dans deux ou plusieurs viscères sans constater l'envahissement des ganglions. Cependant, si ces derniers sont le plus souvent victimes de l'infection secondaire, il n'est pas rare de voir l'un d'eux, ou un groupe, être le siège d'une néoplasie, dont la localisation ne peut être évidemment que passagère.

Jusqu'alors, je n'ai observé l'infection néoplasique primitive, bien limitée, que dans deux groupes ganglionnaires : les ganglions *médiastinaux* et les ganglions *hépatiques*.

Les tumeurs médiastines primitives (lympho-sarcomes, carcinomes, etc.) sont trop communes pour qu'il y ait intérêt à en relater des observations ; j'en ai rencontré certainement plus de cent cas.

Ces tumeurs, en forme de fuseau, ne sont diagnostiquables sur le sujet vivant que lorsqu'elles ont un certain volume et manifestent leur présence par des troubles de la circulation (œdème du fanon ou de l'auge, gonflement des jugulaires, etc.), de la respiration (dyspnée) et de la digestion (tympanite intermittente). Mais dans la grande majorité des cas, ce ne sont que des trouvailles d'autopsie, le sacrifice du sujet se trouvant avoir lieu au cours de leur développement. Chez certains animaux abattus pour cause de troubles fonctionnels inhérents à la présence de ces tumeurs, on voit celles-ci arriver à des poids de 8 à 10 kilog. sans qu'il y ait de viscère atteint, ni de généralisation ganglionnaire. Ces néoplasies ne s'observent guère que chez des adultes, surtout les vieilles vaches et l'on ne s'explique point la prédisposition spéciale de ce groupe ganglionnaire à l'infection.

Par contre, les tumeurs des ganglions hépatiques, bien plus rares, ne se rencontrent guère que chez les veaux et elles tendent à se généraliser plus rapidement. Elles sont presque toujours de nature sacormateuse et leur diagnostic sur le sujet vivant ne paraît guère possible.

La néoplasie primitive siège sur le principal ganglion hépatique situé dans la scissure postérieure du foie, vers l'entrée de la veine porte dans l'organe. Elle apparaît sous la forme d'une tumeur globuleuse dont le volume varie entre celui d'une mandarine et la grosseur des deux poings réunis. Lorsqu'elle est parvenue à ce degré, on trouve parfois des noyaux secondaires dans le foie lui-même, dans les reins ou les capsules et dans les autres ganglions abdominaux ; mais dans ce cas l'origine ne fait pas de doute et il y a tout lieu de croire qu'elle se rattache à l'inflammation des veines ombilicales ou à une infection par cette voie, bien que je n'aie pas observé la coexistence de la néoplasie avec la phlébite ombilicale.

ORGANES NERVEUX

Nerfs. — Je n'ai jamais rencontré de tumeurs cancéreuses, primitives ou secondaires, sur le cerveau, la moelle et les nerfs. Par contre, j'ai observé souvent l'hypertrophie de certaines branches nerveuses et la présence sur leur parcours de nodosités que l'analyse micrographique a constamment révélées comme étant soit des névromes purs, soit des névrommes associés à des tumeurs dérivant du tissu conjonctif.

Colin, le premier, a signalé, sous le nom de *névromes*, des tumeurs situées sur le trajet des nerfs des grands ruminants. Morot les a rencontrées et décrites sous le même nom. Pour Ostertag, ces productions seraient, non des névromes, mais des mixo-fibrômes. Blanc (1) en a repris l'étude et conclu à des fibrômes myxomatodes développés à l'intérieur des faisceaux nerveux primitifs aux dépens du tissu conjonctif interfasciculaire. Il admet cependant que les fibres nerveuses persistent longtemps dans ces néoplasies et lorsqu'elles n'y sont plus reconnaissables, elles existent néanmoins à l'état de fibres amyéliniques ou de cylindres-axes nus. Je crois devoir rappeler ce que je disais à ce sujet, en 1899, en présentant à la Société de médecine plusieurs branches nerveuses (plexus brachiaux, nerfs radiaux, médians et dorsaux) parsemées de névromes, prélevées chez des animaux sacrifiés pour la boucherie (2) :

« Ce qui attire tout d'abord l'attention, c'est le volume considérable de ces branches. Elles ont au moins quatre à cinq fois leur grosseur normale et leur gaîne fibreuse (périnèvre) est hypertrophiée ; en effet, sur une coupe transversale, on voit les faisceaux nerveux très éloignés les uns des autres, séparés par des travées conjonctives larges et denses. Le névrilème lui-même est considérablement grossi. Il existe en somme une névrilématose, c'est-à-dire une sclérose du tissu connectif péri et intrafasciculaire qui a même eu pour effet d'entraver la circulation sanguine et de produire une infiltration de ce tissu. Sur tout le parcours de ces branches existent des nodosités du volume d'un pois à celui d'une noix. Ces tumeurs peu consistantes ont une coque fibreuse dense et sont facilement énucléables. En les extrayant de leur enveloppe avec soin, on voit que chacune d'elles est reliée au cordon nerveux par deux faisceaux, l'un afférent, l'autre efférent. Si l'on opère la dissociation d'une petite nodosité à l'aide de l'acide acétique, on remarque qu'à l'entrée du faisceau dans la tumeur les fibres se séparent et se pelotonnent isolément pour se rejoindre à nouveau à la sortie. En effet, on ne peut mieux comparer chaque tumeur qu'à un étui ovoïde renfermant plusieurs pelotons de fils distincts, mais réunis en cordonnets à leur entrée et à leur sortie de l'étui. L'aspect pelotonné de la tumeur (névrome toruleux) apparaît même à l'œil nu. Sur une coupe traitée par l'acide osmique, on voit que toute la masse est constituée par des filets nerveux à myéline apparaissant sectionnés en tous sens et séparés par du tissu connectif lâche renfermant en outre quelques grosses cellules à noyaux. Il s'agit donc là de névromes vrais et non de tumeurs d'origine conjonctive (sarcomes, myxomes), développées sur le trajet des nerfs. Chaque nodosité est dépendante d'un

<hr>

(1) Blanc, *Développement des fibrômes myxomatodes dans les nerfs des ruminants,* (*Journal de médecine vétérinaire et zootechnie,* juillet 1897).
(2) *Diathèse névromateuse du bœuf.* (*Limousin médical,* 1899.)

seul faisceau nerveux ; les autres faisceaux la contournent en s'étalant
à sa surface pour continuer leur trajet. Les tumeurs sont très rapprochées les unes des autres. Elles débutent dès la sortie des nerfs rachi-
diens des trous vertébraux et on les suit facilement jusque dans les
intervalles musculaires. Ce sont principalement les nerfs dorsaux dans
leurs ramifications costales, les troncs brachiaux et leurs ramifications
des membres qui sont le plus atteints. Sur les branches costales, les
névromes apparaissent dès qu'on enlève le poumon, comme des chapelets
à grains de la grosseur d'un pois à celle d'une noisette. Les tumeurs ne
font point saillie à l'intérieur de la poitrine ; elles sont comme incrustées
dans les muscles intercostaux.

» Autant les névromes sont nombreux dans les régions indiquées,
autant ils sont rares dans les parties postérieures du corps ; d'un autre
côté je n'en ai point rencontré sur les nerfs splanchniques.

» Cette diathèse névromateuse, — car on peut bien donner le nom de
diathèse à cette sorte de généralisation, — n'est pas rare chez les bêtes
bovines ; j'en ai observé plus de trente cas à des degrés divers. Les animaux atteints ne paraissaient point souffrir, car ils étaient en très bon
état de chair et de graisse : et malgré la présence de très fortes tumeurs
sur le trajet des nerfs des membres antérieurs, il n'y avait ni raideur, ni
boiterie. Rien à l'extérieur ne pouvait faire soupçonner leur présence,
parce que les nodosités se trouvaient noyées dans les espaces intermusculaires. »

Je vais me borner à compléter, surtout à préciser certains points de
cette communication.

Sur les nerfs intercostaux, les tumeurs ovoïdes ne dépassent guère le
volume d'une petite noisette ; c'est sur elles qu'ont porté mes premières
investigations micrographiques. Contrairement à ce qui existe dans les
nerfs axillaires, les sections nerveuses situées entre les nodosités ne sont
ni hypertrophiées ni infiltrées, mais absolument normales. Au niveau de
la petite tumeur, un seul faisceau se sépare du nerf et pénètre dans l'étui
fibreux à l'intérieur duquel les tubes se séparent, se pelotonnent en tous
sens ; après avoir décrit leurs circonvolutions, ils se rejoignent à nouveau
et ressortent au même point de leur entrée. Ce point commun d'entrée et
de sortie du faisceau dans la nodosité ne peut mieux être comparé qu'au
hile du rein ou de la capsule surrénale, par où entre l'artère et sort la
veine de l'organe. Comme on le voit, le filet nerveux ne traverse pas de
part en part la tumeur. Il est à remarquer que l'enveloppe fibreuse
épaisse qui joue le rôle d'étui n'adhère point au contenu qui s'énuclée
facilement. Ce contenu a, à l'œil nu, l'aspect nettement pelotonné et, si

l'on exerce sur lui une légère traction, les faisceaux afférent et efférent ainsi que leurs divisions, deviennent très apparents. Au reste, comme je l'ai dit, avec de la patience on obtient une dissociation assez facile après ramollissement dans l'acide acétique.

Si l'on pratique des coupes micrographiques sur ces tumeurs, les plus petites de préférence, dans quelque sens que ce soit, il n'est point difficile d'y reconnaître les éléments du tissu nerveux. Les tubes sectionnés, les uns perpendiculairement, les autres plus ou moins obliquement, encore munis de leur gaine de Schwann, sont seulement séparés les uns des autres par un fin réticulum conjonctif emprisonnant dans ses mailles quelques rares grosses cellules à noyaux. L'imprégnation avec l'acide osmique indique que les tubes nerveux ont conservé leur myéline; mais la présence de cette matière n'est pas constante, surtout dans les tumeurs plus grosses. Quant à l'enveloppe, fort bien délimitée et distincte, elle est constituée uniquement par du tissu fibreux.

En résumé, c'est le type du névrome que l'on observe à l'étude des petites nodosités situées sur le trajet des nerfs costaux.

Sur les branches du plexus brachial, les lésions diffèrent. Dans les intervalles des tumeurs, d'ailleurs beaucoup plus rapprochées, ou mieux sur toute leur étendue, ces branches ont acquis un volume considérable. Les faisceaux sont séparés par de larges cloisons fibreuses. L'hypertrophie conjonctive est manifeste. Les nodosités, très nombreuses, acquièrent souvent un développement considérable ; on en trouve de toutes grosseurs, depuis celle d'un grain de chènevis à celle d'une belle noix. Grosse ou petite, chacune de ces tumeurs n'est toujours dépendante que d'un seul faisceau nerveux, les autres faisceaux la contournant pour poursuivre leur trajet. Toutes ont également une enveloppe fibreuse indépendante, plus ou moins épaisse, permettant leur facile énucléation. Donc, sauf le volume, l'aspect macroscopique ne diffère pas de celui des tumeurs intercostales.

A l'examen micrographique, les nodosités les plus petites présentent une texture à peu près identique à celles des nerfs costaux. Mais il n'en est plus de même pour celles qui ont acquis un certain développement et la différence s'accentue avec le volume. En effet, sur une grande coupe obtenue avec le microtome mécanique, voici généralement ce qu'on observe : sur la plus grande partie, les sections des tubes nerveux sont remplacées par celles de colonnes fibro-cellulaires conservant toujours la disposition fasciculée. Ces sortes de filons sont constitués par de fines mailles bourrées de cellules embryonnaires ovales ou en croissant disposées par couches concentriques autour d'un axe, fictif pour beaucoup de ces colonnes, mais que l'on reconnaît encore être le cylindre axe dans quelques-unes. En certains points, ces cellules sont allongées en fuseau et leur évolution en fibres est facile à suivre ; du reste, en quelques endroits les travées sont représentées par des éléments fuso-cellulaires typiques.

Sur une partie de la préparation, on retrouve cependant des groupes de tubes nerveux, avec ou sans myéline, encore intacts, mais dont la gaîne conjonctive est déjà parsemée de cellules embryonnaires rondes ou légèrement ovales. En de très rares endroits restreints, on remarque parfois un tissu connectif à mailles étoilées, c'est-à-dire des sortes de noyaux myxomateux. Dans les intervalles mêmes des nodules, les travées conjonctives sont disjointes par des éléments cellulaires comprimés entre elles.

Il ressort donc clairement que, dans ces tumeurs, la névromatose s'est compliquée d'une hypertrophie conjonctive ayant acquis un rôle envahissant et destructeur. Il arrive que sur la même préparation, de bonnes dimensions et bien réussie, il est en effet facile de suivre pas à pas l'évolution des éléments conjonctifs dont le développement à outrance amène la régression progressive de l'élément nerveux.

La prolifération cellulaire débute dans les mailles conjonctives péri et intra-fasciculaires, puis la gaine de Schwann est atteinte ; la myéline disparaît et le tube nerveux lui-même de plus en plus enserré dans le cercle cellulaire qui se rétrécit autour de lui, finit par disparaître parfois totalement. Alors, seule la disposition régulièrement concentrique des éléments envahissants indique que leur développement s'est exercé autour d'un axe qui, s'il est devenu fictif, n'en a pas moins existé, puisqu'on assiste pour ainsi dire à toutes les gammes de sa destruction.

En résumé, les tumeurs situées sur le trajet des nerfs axillaires, de névromes vrais qu'elles étaient au début, sont devenues, par suite de la prolifération secondaire et de l'évolution des éléments conjonctifs, soit des névro-fibro-myxomes, soit des névro-fibro-sarcomes ; ou mieux, soit des pseudo fibro-myxomes, soit des pseudo fibro-sarcomes. Il est évident que si l'on ne suit pas les stades de cette évolution, on est amené à les grouper dans l'une ou l'autre des variétés de néoplasies d'origine conjonctive, suivant que les coupes auront porté sur tel ou tel point d'une nodosité importante.

Je dois dire que sur les divisions intermusculaires du plexus, sur les nerfs radiaux par exemple, les tumeurs n'acquièrent jamais la grosseur qu'elles atteignent sur les branches principales. Au reste, le processus inflammatoire intensif dont le plexus brachial et les nodosités qu'il recèle sont le

siège s'explique assez facilement : dès que les petits névromes développés
en chapelet sur son trajet ont acquis un certain volume, ils jouent pendant la marche le rôle des billes entre l'épaule et la poitrine. Le froisse-
ment continuel qu'ils subissent à chaque mouvement détermine une irritation des éléments conjonctifs suivie des phases du processus évolutif
entraînant une hypertrophie secondaire. Je ne crois pas qu'il en résulte
la formation de véritables néoplasies ; s'il en était ainsi, leur propaga-
tion aux ganglions voisins, par l'intermédiaire des gaines lymphatiques,
serait inévitable ; et cependant les ganglions eux-mêmes demeurent parfaitement sains.

II

Quelques cas de Cancers et de Tumeurs

chez différentes espèces animales

Au cours de l'impression du premier chapitre de ce mémoire, il m'a été donné d'observer, — mais trop tard pour qu'ils pussent être insérés en leur place, — deux nouveaux exemples de cancer chez les Bovins, l'un se rapportant au *réseau*, l'autre à l'*ovaire*. La rareté de ces cas et l'intérêt qu'ils présentent motivent mon désir de les rapporter le plus brièvement possible. Ne pouvant guère les mentionner isolément, je crois devoir les comprendre dans un deuxième chapitre, en les faisant suivre de la relation d'autres cas non moins intéressants recueillis, pour la plupart, dans le courant de cette année chez des sujets d'autres espèces.

Les observations de cancers et de tumeurs dans les différentes espèces animales autres que les Bovins, surtout dans l'espèce canine, sont fort nombreuses et variées ; aussi n'abuserai-je pas de l'occasion pour en allonger inutilement la liste.

A. — Nouveau cas de cancer du réseau (15 juin 1905)

Vache de dix ans, maigre, envoyée à l'abattoir parce que depuis quelque temps, elle se nourrit mal. Le matin, le gardien la trouve morte dans les étables.

A l'ouverture de l'abdomen, il s'échappe plus d'un seau de sang, ce qui indique une forte hémorragie interne. — Le rumen et le feuillet présentent un faible volume, mais le réseau apparaît énorme et sa surface est recouverte d'un gros caillot sanguin. L'organe étant séparé et fendu, on voit toute sa moitié gauche occupée par une énorme tumeur rupturée extérieurement, ainsi qu'en témoigne une grande plaie profonde et déchiquetée à laquelle le caillot est adhérent. A ce niveau, la paroi a au moins 6 à 7 centimètres d'épaisseur et elle est constituée par un tissu vacuolaire entrecoupé de brides fibreuses traversant un contenu fibrino-gélatineux.

Dans l'intérieur de toute cette moitié de l'organe, on trouve d'énormes tumeurs convergentes formées de tissu récent, très friables et coiffées de caillots sanguins plus ou moins altérés. Les tumeurs agglomérées donnent en cet endroit une épaisseur de 12 à 15 centimètres à la paroi du viscère. Toute trace de la muqueuse a disparu et la gouttière œsophagienne est en grande partie obstruée par ces productions. Au contraire, dans la moitié droite contiguë au feuillet, les cellules du réseau n'ont subi aucune atteinte.

L'extrémité inférieure du foie, envahie par la néoplasie, adhère à la masse. On ne trouve aucune trace d'agent vulnérant.

Tous les autres organes sont sains.

La tumeur est essentiellement de *nature carcinomateuse.*

B. — Nouveau cas de cancer de l'ovaire chez une vache
(18 août 1905)

Vache de neuf ans, en assez bon état, sacrifiée pour cause de fracture double du bassin survenue au pâturage. La bête étant taurelière sautait fréquemment sur ses compagnes, et c'est sans doute en cette circonstance qu'elle fit une chute qui occasionna l'accident.

L'ovaire gauche est représenté par une tumeur énorme, dure, bosselée, dont l'enveloppe mince est parcourue de gros vaisseaux. La coupe apparaît jaunâtre et montre la néoplasie formée de plusieurs lobes séparés par d'épaisses travées fibreuses et d'un nombre infini de noyaux dont quelques-uns ont une consistance fibroïde et les autres, au contraire, l'apparence molle de la matière cérébrale. Le poids de la tumeur est de 4 kilos 800.

Les autres organes, ainsi que les ganglions, sont indemnes L'analyse micrographique a établi que la néoplasie était un *carcinome* type, avec prédominance fibreuse en certains points, cellulaire dans les autres.

C. — Carcinome du rein chez une jument (21 mars 1905)

Jument de douze ans, en assez bon état de chair et de graisse, abattue pour la boucherie. Elle est faible sur son train postérieur et porte des traces indélébiles de vésicatoires sur la région lombaire.

Son rein gauche, du poids de 4 kilos, présente une surface bosselée. Une partie, correspondant à l'extrémité antérieure, est restée saine, tandis que l'autre est constituée par une tumeur jaunâtre, bien délimitée, comprenant les deux couches de l'organe.

La section longitudinale de la néoplasie la montre constituée de plusieurs lobes séparés par de fortes travées fibreuses se divisant à l'infini; les uns ont absolument l'aspect du fromage de Roquefort, les autres celui du fromage de Gruyère. Les noyaux mortifiés sont nombreux. Autour de la tumeur principale, et séparées d'elle, se trouvent plusieurs autres petites tumeurs de la grosseur moyenne d'une noix, disséminées les unes dans la couche corticale, les autres dans la couche médullaire. Elles sont nettement délimitées et leur coupe jaune grisâtre tranche avec celle du tissu sain.

Les deux capsules surrénales et le rein droit sont absolument normaux. Ce qui est surtout remarquable, c'est l'altération des artères iliaques : elles ont un aspect bosselé, variqueux et forment un cordon presque plein. Leur section montre qu'elles sont obstruées en grande partie par des noyaux néoplasiques auxquels adhèrent de longs caillots sanguins altérés envoyant leurs branches jusque dans les ramifications de ces vaisseaux. Cette sorte de thrombose explique la faiblesse du train postérieur chez cet animal.

La nature de la tumeur est nettement *carcinomateuse*.

D. — Sarcome primitif de la rate chez un cheval (19 mai 1905)

Cheval entier de pur sang, âgé de deux ans. Au cours de l'entraînement, en novembre dernier, l'animal a fait une chute occasionnant la fracture de la base de l'os intermaxillaire. Cette lésion passa tout d'abord inaperçue et ce ne fut que lorsqu'on vit le sujet se nourrir mal, dépérir et manquer de vigueur qu'on consulta le vétérinaire. A ce moment, la périostose consécutive avait déchaussé les trois incisives droites. L'utilisation de l'animal, surtout en vue de sa destination spéciale, étant jugée trop aléatoire, on se décida à le faire abattre.

A l'autopsie on est fort surpris de rencontrer une rate énorme, du poids de 18 kilos 500, formant une masse irrégulière, bosselée, et constituée par une agglomération de tumeurs, les plus petites grosses comme des billes, les plus importantes, du volume d'une tête d'enfant. Le développement de ces néoplasies a presque entièrement détruit le tissu splénique, dont il ne reste que des traces insignifiantes dans les intervalles. La coupe de toutes ces tumeurs est d'un jaune pâle ; elles n'ont pas de coque et leur tissu, homogène, se continue sous forme d'arborisations à travers les vestiges du tissu resté sain.

Tous les ganglions sous-lombaires et mésentériques sont hypertrophiés et complètement envahis par la néoplasie ; il en est de même de la capsule surrénale gauche. La capsule droite, les reins et tous les autres organes sont indemnes. Cependant il existe une tumeur secondaire de la grosseur d'un œuf, incluse dans la partie charnue du diaphragme.

Le foie, très sain, présente cette particularité remarquable qu'il est formé de trois lobes égaux, nettement séparés ; il ressemble, à s'y méprendre, à un gros foie de porc dont on aurait enlevé la vésicule biliaire.

Pensant qu'il pouvait y avoir relation entre la fracture osseuse et la genèse néoplasique, je portai mon investigation sur ce point. La fracture n'intéresse qu'une faible partie du côté droit de la base de l'os incisif. Les deux abouts tuméfiés, retenus par la muqueuse, forment une pseudo-diarthrose et le tissu inflammatoire qui les entoure n'offre point les caractères de celui des tumeurs ; du reste, tous les ganglions de la région sont normaux.

L'analyse micrographique a montré qu'il s'agissait d'un *sarcome*. L'époque de sa formation devait être antérieure à l'accident, car lors de l'entraînement l'on s'était aperçu que le sujet était mou et fléchissait facilement sur ses membres.

E. — Hypertrophie de la rate chez une jument (22 juin 1905)

Bien que ce cas sorte du cadre de ce mémoire, j'ai été tenté de l'intercaler ici, en raison de son intérêt et pour m'en éviter la relation à part.

Une jument de douze ans, achetée pour la boucherie, m'est présentée le soir pour la visite réglementaire précédant l'abatage. Le lendemain le boucher croyant avoir trouvé un acquéreur pour la bête, en demande la sortie. Le jour suivant il m'apprend qu'il l'a trouvée morte dans son écurie. Comme il m'est rappelé que j'ai soigné, il y a peu de temps, cette jument en remplacement de mon confrère et suppléant absent, je manifeste le désir d'en faire l'autopsie. En effet, il y a un mois à peine, on est venu me prier de me rendre à une dizaine de kilomètres afin d'arrêter une hémorragie persistante survenue à la suite de la pose d'un séton, la veille, par le maréchal-ferrant de l'endroit.

La place occupée par l'animal à l'écurie est inondée de sang. Un énorme hématome occupe tout l'inter-ars et l'écoulement sanguin n'a pas cessé de se produire, par gouttes rapprochées, depuis le moment de l'opération. La bête sort très péniblement de l'écurie en titubant. Le sang qui s'échappe est peu coloré et manque de plasticité. Les muqueuses sont d'une pâleur extrême. Il y a hémophilie manifeste. Je fais des injections de perchlorure de fer en solution concentrée dans le trajet du seton préalablement enlevé et l'hémorragie ne tarde pas de s'arrêter complètement; mais par précaution, je laisse la seringue et la solution au propriétaire, au cas où elle se renouvellerait. Il n'en fut rien, et mon confrère qui revit la jument le lendemain se borna à prescrire des irrigations antiseptiques.

Comme cette bête faisait déjà péniblement son service antérieurement à l'accident ; et mon collègue et moi ayant émis sur cet état d'hémophilie, sans pouvoir en préciser l'origine, des réserves et un pronostic graves, elle fut vendue pour la boucherie dès qu'on la vit apparemment guérie. C'est donc elle que je retrouvai et dont l'autopsie, pour les raisons indiquées, pouvait m'intéresser.

Les lésions rencontrées sur l'appareil digestif se rapportent à une indigestion stomacale alimentaire. Mais, ce qui est remarquable, c'est le volume extraordinaire de la rate ; son poids est de 22 kilos. Il y a tout lieu de croire que la compression exercée par cette masse n'a pas été étrangère à l'indigestion, bien que le déplacement des organes, lors du transport du cadavre, ait empêché d'établir la relation de cause à effet. D'autre part, l'état d'hémophilie et de faiblesse générale s'explique aisément.

L'hypertrophie a respecté la forme générale de l'organe. Toute sa surface est parsemée de granulations rouges grisâtres, de la grosseur moyenne d'un grain de chénevis, tranchant sur la teinte naturelle plus foncée. La matière splénique, essentiellement friable, est constituée pour ainsi dire par l'agglomération de ces granulations qui représentent à n'en pas douter, les corpuscules de Malpighi hypertrophiés. Les coupes micrographiques de ces corpuscules les montrent avec la constitution typique du *lymphadénome*. Il s'agissait donc, dans ce cas, d'une lymphadénie splénique, sans altération du système ganglionnaire proprement dit.

F. — Epithélioma du poumon chez un âne (31 mars 1905) !

Il s'agit d'un âne âgé, très gras, sacrifié pour la boucherie. Son poumon est envahi par une multitude de tumeurs, la principale, de la grosseur d'un œuf de dinde, présentant une consistance ferme, une coupe lardacée, riche cependant en travées et en vaisseaux. Aucune des néoplasies n'a de coque isolante et leur substance se fond insensiblement avec le tissu pulmonaire normal. Toutes les tumeurs, hormis la plus volumineuse, ont une teinte grisâtre uniforme. En beaucoup d'endroits on trouve des ilots de tissu pulmonaire absolument sain emprisonnés dans le tissu néoplasique. Rien dans les ganglions ni dans les autres organes.

On ne trouve aucune trace de lésions de pneumonie chronique et les néoplasies sont manifestement de *nature épithéliomateuse.*

G. — Carcinome du rein droit chez une truie (7 janvier 1893)

Truie de race méditerranéenne, âgée d'un an environ, maigre, mais non émaciée, dont le ventre est développé et évasé comme si elle se trouvait en état de gestation avancée. Elle a du reste été vendue pour telle à un éleveur qui l'a conservée quelque temps, attendant une progéniture qui n'est point venue ; aussi se décide-t-il à la faire abattre, avec la conviction qu'on trouvera les fœtus morts.

La plus grande partie de la cavité abdominale est occupée par une masse énorme, bilobée, suspendue à la voûte lombaire. Une portion de rein restée saine et émergeant à la surface, met aussitôt sur la voie. L'énorme production dont le poids est de 22 kilos, n'est autre qu'une néoplasie développée dans le rein droit. La tumeur est entourée d'une coque fibreuse relativement mince, — deux à trois millimètres, — sillonnée de gros vaisseaux sinueux. Sa consistance générale est faible, presque fluctuante en quelques points.

L'incision longitudinale étant pratiqué en prenant pour point de départ le vestige rénal, la coupe présente un très grand nombre de lobes séparés par de fortes travées fibreuses d'épaisseur variable, servant de support aux vaisseaux. Chaque lobe lui-même est divisé par des cloisons secondaires, en plusieurs îlots. L'aspect du contenu des lobes varie presque avec chacun d'eux. La plupart renferment une matière jaune blanchâtre, de faible consistance, ressemblant à de la substance cérébrale ; dans d'autres, c'est une sorte de putrilage parsemé de grains rougeâtres, analogue a de la pulpe de rate ; quelques-uns, de couleur jaune et plus consistants, contiennent une matière semblable à du pus caséifié. Beaucoup sont constitués par des vacuoles remplies d'une lymphe citrine fibrino-albumineuse, enfin, il en est qui sont comblés uniquement par des foyers hémorragiques. Le tissu néoplasique est nettement séparé de la substance rénale restée saine par l'enveloppe fibreuse.

En somme, c'est le même mélange d'aspects et de teintes que j'ai rencontré dans les grosses tumeurs des capsules surrénales. Au reste, l'analyse micrographique a établi qu'il s'agissait d'un *carcinome ancéphaloïde* type. L'autre rein, les capsules et tous les autres organes étaient indemnes. Les ganglions sous-lombaires étaient infiltrés, mais non envahis par le néoplasme.

H. — Sarcomatose des capsules surrénales et des reins chez une truie (20 janvier 1900)

Truie de quinze mois, maigre. Ses deux reins sont un peu plus volumineux qu'à l'état normal, mais ce qui attire surtout l'attention, c'est l'irrégularité de leur surface ; celle-ci est, en effet, parsemée de bosselures ayant l'aspect et presque la grosseur de petits champignons sortant de terre et formant une saillie bien nette. Leur couleur est d'un gris piqueté irrégulièrement de points rouge vif. Ces petites tumeurs, qui s'enfoncent dans la couche corticale, ne sont pas ulcérées, mais coiffées par la capsule fibreuse de l'organe. Leurs bords sont très bien délimités et dans les intervalles l'écorce rénale apparaît absolument saine.

Sur les incisions pratiquées dans l'axe des canaux urinifères, on voit que chaque tumeur a une forme conique, la base correspondant à la partie externe de la néoplasie et le sommet s'enfonçant dans la couche médullaire en forme de coin. Dans tous les points, le tissu de moindre consistance que la substance rénale, paraît homogène.

Les capsules surrénales ont au moins quintuplé de volume et elles sont plus profondément atteintes que les reins. La matière néoplasique, d'un gris jaunâtre, y est de formation plus ancienne et n'affecte pas la disposition rayonnante. On voit nettement que le point de départ se trouve dans la couche médullaire, entièrement transformée, et que le développement centripète s'est effectué en refoulant la couche corticale réduite à fort peu de chose. En beaucoup de points, le néoplasme a subi la dégénérescence.

Tous les ganglions de la région sont énormes ; leur coupe est d'un gris pointillé de rouge vif ; ils sont complètement envahis. Sur les coupes micrographiques des tumeurs rénales, les tubes apparaissent encore avec leur endothélium, desquamé et tombé en dégénérescence ; mais ils sont séparés les uns des autres par de très larges traînées d'éléments sarcomateux qui les enserrent. Il n'existe pas trace des glomérules. Dans les parties où le tissu rénal paraît sain, on voit en beaucoup d'endroits les espaces intertubulaires envahis par des cellules sarcomateuses.

Les coupes du tissu capsulaire sont du *sarcome* pur ; mais dans les ganglions, on retrouve encore un grand nombre d'îlots lymphoïdes emprisonnés dans le filet sarcomateux. Les produits frais de ces néoplasies ont servi à des inoculations.

I. — **Myome de l'utérus chez une truie** (13 août 1903)

Truie de race méditerranéenne sur laquelle je ne puis obtenir aucun renseignement. La bête, en assez bon état, a l'abdomen aussi volumineux que celui d'une femelle avancée de gestation ; mais l'apparence des mamelles ne se rapporte pas à cet état. Il est à croire qu'elle a été vendue pour cause de rétention anormale des fœtus.

Après l'abatage, on trouve dans le ventre une tumeur énorme siégeant dans le corps de la matrice dont les deux cornes émergent à la surface, sans traces d'altération. Les deux ovaires sont kystiques. Le vagin est normal, ainsi que le col de l'utérus. En avant de celui-ci, se trouve une poche close assez grande pour loger la main ; c'est ce qui représente la cavité utérine. Le corps de l'organe est entièrement distendu et occupé par la tumeur adhérente aux parois, excepté au niveau de la poche indiquée. Mais l'adhérence a lieu au moyen de brides fibreuses lâches que la main, engagée entre la paroi de l'organe et la tumeur proprement dite, dilacère très facilement. Et ce qui me surprend, c'est de ne pas trouver trace de hile ou de pédicule d'attache de l'utérus à la production : partout l'adhérence est la même, et la vascularisation s'effectue par une infinité de petits vaisseaux suivant les tractus et passant directement de la paroi utérine à la coque de la tumeur.

L'énucléation étant obtenue facilement, comme je l'ai dit, les parois de la matrice formant enveloppe extérieure apparaissent avec une épaisseur de 1 centimètre à 1 centimètre 1/2 ; leur hypertrophie n'intéresse que la couche musculo-conjonctive, toute trace de la muqueuse ayant disparu. La tumeur elle-même a une coque fibreuse propre, bien nette, de 1 millimètre à 2 millimètres d'épaisseur. Sa surface est très irrégulière, mamelonnée, comme celle de toute néoplasie constituée par un grand nombre de lobes de grosseurs différentes, pressés les uns contre les autres. La consistance est très ferme et la coupe uniformément jaunâtre est entièrement occupée par de grosses torsades d'aspect fibroïde contournées en tous sens, avec quelques petits noyaux bien circonscrits d'apparence cellulaire, ainsi que quelques foyers hémorragiques anciens assez importants entourés d'une zone de tissu nécrosé.

La tumeur coiffée de son enveloppe utérine pesait 26 kilos, et débarrassée de celle-ci, 23 kilos 500. Les ganglions, de même que les autres

organes, étaient indemnes. Les coupes micrographiques et les dissocia-
tions faites avec le tissu de la néoplasie ont établi qu'il s'agissait d'un
myome pur.

J. — Sarcome primitif du foie chez le mouton

A propos des tumeurs hépatiques chez le bœuf, j'ai fait remarquer que
l'épithélioma se rencontre le plus souvent et que dans le foie du mouton
je n'avais trouvé exclusivement que cette variété néoplasique.

Je viens cependant d'observer un exemple de *sarcome* dans cette
espèce, sur un foie mis de côté en vue de l'examen micrographique le
23 mars dernier.

L'organe, provenant d'un mouton en bon état, a son volume normal.
Toute sa surface est parsemée de tumeurs d'un gris rosé, à contours
réguliers, faisant à peine saillie, les plus importantes ayant la grandeur
d'une pièce de deux francs. Les incisions les montrent, en profondeur,
soit allongées en fuseau, soit coniques à base extérieure. Leur coupe,
bien homogène, mais de faible consistance, tranche nettement avec celle
du tissu hépatique intermédiaire parfaitement sain, duquel aucune cloison fibreuse ne les sépare. Si leur teinte se rapproche un peu de celle des
tumeurs épithéliomateuses que j'ai rencontrées jusqu'alors, elles n'en ont
point les contours irréguliers et la forme festonné du chou-fleur.

A l'analyse microscopique, je les trouve, à ma grande surprise, consti-
tituées exclusivement par des cellules embryonnaires ovales ou arrondies
de petites dimensions, sans interposition d'aucun élément fibreux ou épi-
thélial. Je n'y rencontre pas trace de vaisseaux, mais seulement la couche élastique des canaux hépatiques, avec leur épithélium desquamé et
altéré. Sur les limites, on retrouve la trace de lobules comprimés par les
éléments sarcomateux qui les entourent. Il ne m'a point paru que cette
altération soit d'origine parasitaire.

III

Essais de transmission du Cancer

La question de la transmissibilité du cancer est loin d'être résolue. En effet, étant donné qu'aux résultats positifs rapportés par Lebert, Follin, Goujon, Klenke, Quinquaud, Mehr, Hanau, Pfeiffer, Eiselbert, Moreau, etc., on oppose les expériences négatives de Bert, Jeannel, Doutrelepont, Senn, Leblanc, Riune, Duplay, Cazin et autres, il reste encore une grande marge à l'incertitude.

En entreprenant ces quelques essais d'inoculation, je n'ai certes pas eu la prétention de vouloir élucider le problème ; j'ai seulement tenu à profiter des occasions qui s'offraient à moi pour chercher à me former une opinion à ce sujet. Aussi n'est-ce qu'à titre documentaire que je vais en faire relation. Au reste, les intervalles éloignés de ces diverses expériences indiquent leur but secondaire, sans cependant en atténuer la valeur.

J'ai eu recours : soit à l'inoculation intra ou sous-dermique à la lancette, en même temps qu'aux scarifications, procédés qui m'ont paru se rapprocher le plus des conditions d'une transmission accidentelle supposée possible ; soit à l'inoculation sous-cutanée à la seringue Pravaz qui semble fournir le maximum des chances d'infection. Une seule fois j'ai employé l'injection intra-péritonéale.

J'ai pris les précautions d'usage en aseptisant le champ opératoire et en le recouvrant ensuite d'une mince couche de collodion. La cicatrisation des plaies s'est toujours opérée par première intention.

L'inoculation des matières, — extraits liquides ou produits de râclage de tumeurs cancéreuses, — a eu lieu soit aussitôt, soit quelques heures après l'extraction des néoplasies. Dans la moitié des cas, elle a été pratiquée sur des sujets de même espèce que celui ayant fourni le produit ; dans l'autre moitié, sur des animaux d'une autre espèce. En voici d'ailleurs le relevé très concis, par ordre chronologique :

Expérience I (30 décembre 1896). — Un *chien* bull de trois ans reçoit à chaque aine, en inoculation sous-cutanée avec la seringue, un centimètre cube du suc extrait d'un *carcinome encéphaloïde* de la capsule surrénale droite d'une *vache* (Voir chapitre I. — Capsules surrénales, observation II). L'injection a lieu presque aussitôt après l'extraction de la tumeur.

Pas de réaction fébrile. Aucun phénomène inflammatoire consécutif.

Le chien est sacrifié le 27 juin 1897. Résultat négatif.

Expérience II (30 décembre 1896). — Un *chien* de deux ans reçoit une injection *intra-péritonéale* de deux centimètres cubes de produits de râclage, tout frais et dilués dans l'eau stérilisée, provenant d'un *épithéliome* du foie d'une *vache* (Voir chapitre I. — Foie, observation III).

Hyperthermie de 0°5, disparue le lendemain. Aucun symptôme de péritonite.

Le sujet est abattu le 27 juin 1897. Résultat négatif.

Expérience III (16 janvier 1900). — Une *chienne* d'un an est inoculée à la seringue, aux plats des cuisses, avec deux centimètres cubes et demi de liquide d'expression extrait après sept heures d'un *carcinome encéphaloïde* de la capsule surrénale gauche d'une *vache* (Voir chapitre I. — Capsules surrénales, observation VIII).

La température reste invariable et toute trace de l'injection a disparu au bout de dix heures.

La chienne est sacrifiée le 12 mars 1900. Résultat négatif.

N. B. — Les produits de râclage ont donné sur bouillon une culture de microcoques et de diplocoques, de deux millièmes de millimètre de diamètre, immobiles, réfringents et entourés d'une zone protoplasmique.

Expérience IV (même date). — Une autre *chienne* d'un an, pleine, reçoit une injection semblable à la précédente et avec le *même produit*.

Pas de réaction fébrile. Aucune trace de l'inoculation le lendemain.

Sacrifice à la même date que l'autre. Résultat négatif.

Expérience V (même date). — Injection sous-cutanée de cinq centimètres cubes du *même produit*, aux aines, à une *agnelle* de huit mois.

Elévation de température de 0°4 après quatre heures. Le lendemain tout a disparu.

La bête est abattue le 15 avril. Les ganglions sont normaux. Résultat négatif.

Expérience VI (même date). — Autre *agnelle* inoculée de la même façon et avec le *même produit* (cinq centimètres cubes).

Hyperthermie de 0°5 au bout de quatre heures. Le lendemain pas de fièvre et aucune trace de l'inoculation.

Abatage à la même date que la précédente. Résultat négatif.

Expérience VII (20 janvier 1900). — Un *porcelet* de quatre mois reçoit aux aines quatre inoculations, deux à la lancette en forme de godet large et profond, deux en scarifications, avec les produits de râclage, prélevés six heures après l'extraction d'un *sarcome* des capsules surrénales chez une *truie* (Voir chapitre II. — Observation G).

Pas d'élévation de température. Le lendemain les piqûres et les scarifications sont cicatrisées. Il existe à un point d'inoculation à la lancette une petite nodosité de la grosseur d'un pois qui est disparue le troisième jour. Pas d'engorgement ganglionnaire.

L'abatage du sujet a lieu le 20 mai. Résultat négatif.

Expérience VIII (même date). — Un autre *porcelet* de quatre mois est inoculé de la même façon et avec le *même produit;* mais les inoculations en larges godets pénètrent jusque dans les chairs.

Température invariable. Pas de phénomènes inflammatoires consécutifs.

Abatage à la même date que le précédent. Résultat négatif.

Expérience IX (même date). — *Chien* pointer m'appartenant, inoculé avec le *même produit* sous la peau du scrotum.

Température invariable. Le lendemain les plaies sont cicatrisées. Un petit noyau induré persiste pendant six jours et disparaît ensuite progressivement. Pas d'engorgement ganglionnaire.

Le chien n'a été abattu que quatre ans après (février 1904. Résultat négatif.

Expérience X (13 février 1900). — Une *vache* en bon état (écornée à gauche, marquée d'un trait de scie à la corne droite) reçoit, — dans une plaie en godet à ouverture très étroite et profonde de trois centimètres, pratiquée vers le fanon un peu au-dessous de l'épaule droite et à proximité des ganglions axillaires, — un demi centimètre cube de produits de râclage (1) d'un *carcinome encéphaloïde* de la capsule surrénale gauche d'une *vache* (Voir chapitre I. — Capsules surrénales, observation XI). L'inoculation a lieu deux heures après l'abatage de l'animal porteur de la néoplasie.

Température invariable. Il se forme un petit noyau œdémateux qui persiste deux jours, puis disparaît. La cicatrisation de la plaie a lieu par première intention.

La bête est abattue le 15 mai. On ne retrouve pas trace de l'inoculation; les ganglions avoisinants sont normaux. Résultat négatif.

Expérience XI (même date). — Une deuxième vache également en bon état (marquée d'un trait de scie à chaque corne) est l'objet d'une inoculation identique à la précédente, mais à gauche.

Pas de fièvre. La plaie d'inoculation est bien fermée le lendemain. Aucun phénomène inflammatoire local. La vache est abattue aussi le 15 mai. On ne trouve aucune trace de l'inoculation. Tous les ganglions et les organes sont sains. Résultat négatif.

Expérience XII (même date). — Un petit *chien* pie-marron est inoculé avec le *même produit*, à la lancette et par scarification de chaque côté du fourreau.

____

(1) L'ensemencement sur bouillon de ces produits a donné une culture identique à celle obtenue avec les produits de l'expérience III. Cinq centimètres cubes de cette culture ont été injectés, le 23 février, au plat de la cuisse d'un fort chien et une plaie en cul-de-sac a été également arrosée avec la même culture. Le 28 seulement la plaie est fermée, mais les ganglions de l'aine sont encore fortement tuméfiés. Cet engorgement disparaît lentement.

Le chien, abattu le 18 août, ne présentait aucune lésion ganglionnaire ou autre.

Pas d'élévation de température. Légère infiltration disparue après trente-six heures. Plaies cicatrisées par première intention.

Le 19 avril, j'aperçois à droite de la verge une petite nodosité dure, mobile, indolore, du volume d'une grosse noix. Je crois avoir obtenu un résultat positif, bien que les ganglions de l'aine ne soient pas hypertrophiés ; mais, huit jours après, la tuméfaction a complètement disparu sans intervention.

Le chien est abattu le 18 août. Résultat absolument négatif.

Expérience XIII (même date). — Petit *chien* pie, boiteux, très vieux, inoculé avec le *même produit*, sous la peau du scrotum.

Élévation de température de 0°3. Le lendemain, léger œdème de la région scrotale. Plaies recouvertes d'une petite croûte. Le surlendemain, tout a disparu.

Abatage le 18 août. Résultat négatif.

Expérience XIV (même date). — Un *chien* noir de quatre ans, inoculé à la seringue aux aines avec 5 cent. cubes de la lymphe écoulée de la *même néoplasie*.

Hyperthermie de 0°5 après dix heures. Le lendemain, il ne reste aucune trace de l'inoculation.

Abatage le 18 août. Résultat négatif.

Expérience XV (15 février 1900). — Un *chien* roquet épagneul, âgé, est inoculé dans la gaine vaginale, dans des plaies en forme d'outre, avec des produits de râclage *tout frais* d'un épithéliome du foie *d'une vache* (Voir chapitre I. — Foie, observation V).

Le lendemain, la région est œdématiée et la température s'est élevée de 0°6 ; mais les plaies sont déjà fermées. Deux jours après, l'engorgement a disparu et la température est redevenue normale.

Le chien est abattu le 18 août. Résultat négatif.

Expérience XVI (même date). — *Chienne* de Brie, inoculée à la mamelle à deux centimètres de profondeur, avec les *mêmes produits tout frais*.

Température invariable. Aucun phénomène inflammatoire. Le lendemain, toute trace de l'inoculation a disparu.

Abatage le 18 août. Résultat négatif.

Expérience XVII (12 mars 1900). — Une petite *cnienne* nourrice reçoit sous la peau de la face interne des cuisses deux parcelles de la grosseur d'un petit pois de ganglion d'un homme atteint de *carcinome* secondaire des ganglions de l'aine.

Pas de phénomènes consécutifs. Plaies d'inoculation cicatrisées le lendemain.

Abatage le 18 août. Résultat négatif.

Expérience XVIII (11 avril 1902). — *Chienne* pleine, de petite taille, inoculée profondément à la lancette aux *mamelles* avec des produits de râclage et de fines parcelles d'un *carcinome* de la mamelle d'une chienne, immédiatement après son extraction (Voir chapitre IV, Expérience IV).

Pas de fièvre. Plaies cicatrisées le lendemain. Pas de phénomènes inflammatoires.

Abatage le 30 juillet. Résultat négatif.

Expérience XIX (même date). — Petite *chienne* de cinq ans, venant d'être nourrice, inoculée également aux *mamelles* avec les *mêmes produits* que la précédente.

Pas de réaction thermique Cicatrisation des plaies par première intention. Pas de phénomènes inflammatoires locaux.

Abatage le 14 août. Résultat négatif.

Expérience XX (même date). — *Chien* âgé, inoculé profondément aux aines avec les *mêmes produits.*

Aucun phénomène consécutif observé. Cicatrisation des plaies effectuée le lendemain.

Abatage le 14 août. Résultat négatif.

Expérience XXI (même date). — Autre *chien* âgé, inoculé sous la peau de chaque côté du fourreau à la lancette et par scarifications immédiatement en avant du scrotum, avec les *mêmes produits.*

Pas de réaction thermique. Aucune réaction inflammatoire. Plaies cicatrisées par première intention.

Abatage effectué le 14 août. Résultat négatif.

Expérience XXII (20 juin 1902). — Petit *chien* d'un an, inoculé aux plats des cuisses, vers l'aine et près du fourreau, en dilacérant le tissu conjonctif sous-cutané sur une grande étendue, avec les produits de raclage d'un *épithélioma* de la *mamelle* d'une *chienne*, immédiatement après l'opération (Voir chapitre IV, expérience V).

Pas de réation thermique ni d'inflammation locale. Cicatrisation rapide des plaies.

Le sujet est sacrifié le 15 octobre. Résultat négatif.

Expérience XXIII (même date). — Vieux *chien* inoculé aux mêmes régions, avec les mêmes produits.

Aucun phénomène consécutif. Plaies cicatrisées le lendemain.

Abatage le 15 octobre. Résultat négatif.

Expérience XXIV (même date). — *Chien* loulou de trois ans, inoculé dans les *mêmes conditions* que les deux précédents.

Pas de phénomènes consécutifs. Plaies fermées le lendemain.

Abatage le 15 octobre. Résultat négatif.

Expérience XXV (même date). — Une très petite *chienne* bull, nourrice, âgée, est inoculée profondément aux deux avant-dernières mamelles abdominales avec les *mêmes produits.*

Le lendemain, élévation de température de 0°5. Léger engorgement de la région. Le surlendemain toute trace de l'opération a disparu.

Abatage le 15 octobre. Résultat négatif.

Expérience XXVI (même date). — Jeune *chienne* caniche pleine inoculée dans les mêmes conditions et avec les *mêmes produits* que la précédente.

Pas de réaction inflammatoire. Plaies cicatrisées le lendemain.

Abatage le 15 octobre. Résultat négatif.

Les résultats *tous négatifs,* de ces vingt-six expériences sont donc défavorables à la thèse de l'inoculabilité du cancer.

IV

Essais de traitement

des plaies cancéreuses par le vésicatoire

Le traitement des plaies de mauvaise nature, quelles qu'elles soient, par les pansements au vésicatoire, apparaît tout d'abord comme un moyen révolutionnaire, susceptible de complications redoutables. Il n'en est rien, et je puis affirmer, par expérience, qu'au contraire les résultats obtenus sont surprenants.

Au temps où j'étais sur les bancs de l'Ecole, j'ai vu souvent mon professeur de clinique, Violet, praticien de haute valeur, avoir recours avec succès aux injections d'onguent vésicatoire au fond des plaies rebelles de la nuque, du garrot et dans leurs fistules. Pendant mes années d'exercice de la clientèle, j'ai eu fréquemment l'occasion de recourir au même procédé dans des cas de javart tendineux ou cartilagineux, de nécrose de l'aponévrose plantaire, dans le crapaud invétéré et, en général, dans le pansement de toutes les plaies fongueuses de mauvaise nature : je n'ai eu qu'à m'en louer.

En 1895, j'ai eu à traiter un épithélioma rebelle de la sole consécutif à une plaie pénétrante ancienne. Les caustiques les plus énergiques, la cautérisation au fer rouge elle-même, ne parvenaient pas à enrayer la récidive. A la grande stupéfaction du propriétaire et, je l'avoue, à ma surprise aussi, la disparition ne fut obtenue qu'à la suite de trois pansements successifs au vésicatoire.

De là à tenter l'expérience du même procédé dans le traitemen des plaies cancéreuses proprement dites, il n'y avait qu'un pas ; je n'ai pas hésité à le franchir.

Dans tous les cas, l'onguent vésicatoire employé a été l'onguent vésicatoire Lebas, *fortement camphré* (incorporation de camphre préalablement dissous dans l'alcool), et je n'ai jamais observé aucune complication du côté de l'appareil urinaire. Voici, relevés sur mon registre, les résultats que j'ai obtenus ; s'ils ne sont pas nombreux ils n'en sont pas moins intéressants :

Expérience I (mai 1897). — Un de mes amis, M. M.., rentier, m'amène une chienne corniaude de trois ans atteinte, à l'avant-dernière mamelle abdominale gauche, d'une plaie ulcéreuse et fongueuse de dix à douze centimètres de long sur sept à huit de large. Depuis quelques mois, me dit-il, cette mamelle était le siège d'une tumeur de la grosseur d'un œuf d'oie ; il croyait à un « dépôt de lait » et il ne s'en préoccupait point ; mais la tumeur s'ouvrit, s'ulcéra et ce fut alors qu'il s'en inquiéta. En effet, la plaie a fort mauvais aspect ; elle semble s'enfoncer profondément dans la paroi abdominale ; son fond, très irrégulier, anfractueux, est recouvert de végétations fongueuses d'un rouge vineux. En somme c'est le type de la plaie cancéreuse, du cancer mammaire ouvert. L'analyse micrographique d'une parcelle prélevée a établi qu'il s'agissait d'un *épithélioma glandulaire.*

Bien que les ganglions inguinaux me parussent encore indemnes, je déclarai à mon ami que sa chienne était perdue et qu'elle succomberait inévitablement à la suite d'une généralisation cancéreuse. Je ne lui conseillai même pas l'intervention chirurgicale qui, dans ma pensée, ne pouvait que retarder de peu l'issue fatale.

Mais, tenant à profiter de l'occasion pour me rendre compte de l'action que pourrait bien produire dans ce cas une application, — intempestive, je dois le dire, — de vésicatoire, j'en fis la proposition tout en indiquant qu'il s'agissait d'une tentative expérimentale sur les résultats de laquelle je ne me faisais aucune illusion. « Perdue pour perdue, me dit M. M..., je ferai sur ma chienne toutes les expériences que vous voudrez. »

Je lui remis donc un pot d'onguent vésicatoire camphré avec les instructions verbales suivantes : après avoir assuré le nettoyage à sec et à fond de la plaie, vous ferez fondre l'onguent en mettant le pot dans un bain-marie et vous appliquerez le topique avec un pinceau sur toute la surface, en insistant surtout au niveau des infractuosités profondes ; puis, prenant des boulettes de coton imbibées de l'onguent, vous en bourrerez l'intérieur et maintiendrez le pansement à l'aide d'un bandage.

Je n'étais certes pas sans appréhension sur les résultats de ces prescriptions, non pas en ce qui touchait l'action locale du topique, mais au sujet de l'infection cantharidienne et de son retentissement sur les organes urinaires.

Au bout de six jours le propriétaire revient et tout joyeux m'aborde en me disant : « Vous savez, il a été merveilleux votre traitement. Quelques instants après l'application, il s'est produit un suintement considérable qui égouttait de toute la surface du pansement, et cela durait jusqu'au lendemain. Le troisième jour, le pansement est tombé en même temps que beaucoup de lambeaux de chair morte ; les débris qui étaient restés adhérents à la plaie, et que je n'ai osé détacher, sont depuis tombés seuls. Les bords sont maintenant moins épais et le fond a fort bel aspect. »

Sans laisser apparaître ma surprise, je réponds : « Eh bien, il y a peut-être espoir ; faites encore un nouveau badigeonnage au pinceau, mais sans application de pansement imbibé d'onguent ». Puis, à titre de renseignement, je demande si à la suite du traitement la chienne a été fatiguée, si elle a uriné rouge, etc. « Mais pas du tout me réplique M. M..., elle a

mangé comme d'habitude ; elle a été un peu plus altérée pendant deux
jours et elle a uriné comme d'ordinaire, peut-être un peu plus souvent. »
J'étais rassuré.

Huit jours plus tard, nouvelle visite du propriétaire, non accompagné
de l'animal. « Cette fois, me dit-il, ça y est (*sic*), la guérison est assurée.
Le fond de la plaie est comblé, bien rose et très joli ; les bords sont bien
rapprochés et c'est l'affaire de quelques jours. » En effet, peu de temps
après, j'avais occasion de voir la chienne et j'étais stupéfait de trouver la
plaie bien comblée, réduite à trois à quatre centimètres de diamètre,
avec l'aspect d'une plaie ordinaire dont la cicatrisation normale touche
à sa fin.

La chienne en question, que j'ai revue bien des fois par la suite, a
reproduit chaque année sans présenter de rechute. Elle a été conservée
jusqu'en 1904, c'est-à-dire sept ans, époque à laquelle son propriétaire
l'a fait abattre parce qu'elle était devenue atteinte de cécité. A son autopsie
on n'a trouvé aucune trace de néoplasie et l'ancienne plaie était comblée
uniquement par du tissu cicatriciel organisé normal.

Expérience II (15 novembre 1899). — Désireux, à la suite du premier
résultat, de poursuivre mes expériences, je fis insérer à diverses reprises
dans un journal local une petite note invitant les propriétaires de chiennes
atteintes de cancer des mamelles à vouloir bien me les confier en vue
d'essais de traitement absolument gratuit. Soit qu'il y eût pénurie de
sujets, soit que les intéressés fussent méfiants, je dus attendre jusqu'à
novembre 1899, époque à la laquelle me fut présentée, par M. L..., horti-
culteur, une forte chienne des Pyrénées, âgée de six ans, atteinte à
l'avant-dernière mamelle abdominale gauche d'une tumeur énorme,
mamelonnée, bourgeonneuse et d'un noyau néoplasique secondaire du
volume d'une noix à la dernière mamelle du même côté.

La tumeur principale, qui date de quelques mois, s'accroît progressivement et est très douloureuse au toucher. Cependant l'état général du
sujet, fort bien soigné, n'est pas mauvais.

Ne pouvant songer à une application extérieure de vésicatoire, je pratique l'extirpation de la tumeur principale, avec le lambeau de peau
ulcérée qui la recouvre. L'énucléation est faite jusqu'au ras de la tunique
abdominale et l'opération est achevée au moyen de la torsion lente du
pédicule préalablement ligaturé tout à sa base ; aussi l'hémorragie consécutive est-elle insignifiante. La néoplasie pèse 800 grammes. La
tumeur secondaire est extraite de la même façon. La grande plaie, bien
nettoyée à sec, est badigeonnée sur toute sa surface avec un tampon
imprégné de vésicatoire fondu, puis recouverte d'une feuille de coton
hydrophile également enduite du même onguent ; enfin, elle est fermée
provisoirement et incomplètement au moyen de quatre points de suture
éloignés. La petite plaie est pansée de la même façon.

Incisée par son milieu, la grosse tumeur présente des cavités contenant
un liquide sanieux et tapissées de bourgeons ulcérés ; les noyaux cancéreux qui la circonscrivent sont énormes. Son examen micrographique
ultérieur a établi qu'il s'agissait d'un *épithélioma*.

Le lendemain, 16, la bête a de la fièvre, cela se conçoit, et elle refuse
toute nourriture. Depuis l'application du pansement, il s'est produit un
suintement très important de lymphe. Aucun symptôme inquiétant du
côté de l'appareil urinaire.

Le 17, la chienne reprend sa gaîté, mange la viande et boit le lait
qui lui sont présentés. J'enlève alors trois points de suture et je retire les

tampons de coton des plaies. Il n'y a pas de suppuration. Au fond de la plaie principale adhèrent quelques lambeaux de tissu mortifié. Après un nettoyage à sec, je fais un nouveau badigeonnage de vésicatoire avec le pinceau, sans remettre de pansement, mais seulement un tampon de coton à l'ouverture des plaies afin de les préserver des souillures. Jusqu'alors la bête s'est levée difficilement.

Le 18, elle sort seule de la niche et marche librement. Les excréments qu'elle va déposer sont normaux et son urine, un peu jaunâtre, mais claire. Elle est très gaie et mange comme d'habitude. La surface des plaies est couverte d'un tapis de bourgeons de très bel aspect. La suppuration reste toujours insignifiante. J'enlève la quatrième suture et je me contente de préserver la plaie contre les souillures extérieures par une application de coton superficielle.

Le 21, la petite plaie est presque fermée ; la grande est très belle ; son fond est comblé d'une couche bourgeonnante bien régulière et de normale apparence. Après avoir opéré un nouveau badigeonnage, je fais quatre nouveaux points de suture au crin, afin de rapprocher les bords de l'ouverture.

Le 25, le bourgeonnement est arrivé presque au niveau des bords et ceux-ci se maintiennent bien rapprochés. La petite plaie est complètement fermée.

Le 29, la cicatrisation est parvenue au ras des bords qui se sont encore très rapprochés. La plaie est insignifiante. Les sutures sont enlevées.

La chienne est remise à son propriétaire. Elle a été conservée jusqu'en juin 1903, époque à laquelle elle est morte accidentellement. A son autopsie on n'a trouvé aucune trace de néoplasie.

Expérience III (16 novembre 1899). Une chienne danoise, âgée de dix ans, m'est amenée par Mme L..., pour la « guérir » d'une tumeur qu'elle porte à la deuxième mamelle pectorale gauche. Cette tumeur, du volume du poing, date de trois à quatre mois et elle s'accroît sensiblement. Elle est fluctuante et sur son pourtour se trouvent deux autres nodosités secondaires, dures, de la grosseur d'une petite noix.

Le 17, j'énuclée les deux petites néoplasies et j'ouvre la tumeur principale d'un coup de bistouri, vers sa partie déclive, afin d'être fixé sur la nature de son contenu. Il s'en écoule une sorte de putrilage ressemblant à de la matière cérébrale altérée. Ayant débridé la plaie pour explorer la cavité, je trouve celle-ci tapissée de gros bourgeons, en forme de petits champignons, ayant fort mauvais aspect. J'en prélève des parcelles pour des examens micrographiques ultérieurs. De ceux-ci, il est résulté que j'avais affaire à un carcinome et les coupes des tumeurs secondaires ont en effet corroboré ce diagnostic.

Afin de me rapprocher des conditions de l'expérience I, je me borne à nettoyer la plaie à sec et à introduire dans l'intérieur de la cavité une boulette de coton surchargée de vésicatoire. Un pansement identique est fait aux plaies secondaires, après l'extirpation des noyaux, et la chienne est emmenée chez son propriétaire.

Le 19 on me ramène l'animal. Le matin même la boulette de coton a été chassée de la plaie principale par la matière putrilagineuse qui s'y était accumulée. « Il en est sorti, suivant l'expression même du propriétaire, de véritables débris de chair morte. » Après avoir opéré des lavages antiseptiques, j'explore la cavité et je la trouve revêtue de bourgeons d'un aspect autrement rassurant que celui des précédents, avec

une surface moins infractueuse, moins mamelonnée. Les parois de la
poche qui, auparavant, étaient épaissies et indurées, se sont assouplies et
amincies. Les deux petites plaies secondaires ont bon aspect et je me
contente de les nettoyer sans renouveler le pansement ; tandis que dans
la grande plaie j'introduis un nouveau tampon de coton chargé d'onguent,
muni d'un fil, avec recommandation de le retirer au bout de trois heures.
Depuis le moment de l'opération la chienne a mangé et s'est comportée
comme d'habitude ; rien n'a été observé du côté de l'appareil urinaire,
bien que j'aie éveillé l'attention de ce côté.

Le 24, je revois l'animal. La plaie principale est fermée et la tuméfaction a presque complètement disparu. Les plaies secondaires sont absolument cicatrisées. La guérison me paraissant assurée, mon intervention
cesse dès ce jour.

La chienne fut conservée encore trois années sans que l'on constatât
de nouvelles tumeurs dans ses mamelles, ni rien d'anormal dans son état.
Mais la vieillesse (treize ans) ayant rendu ses mouvements difficiles et
l'obligeant à rester presque continuellement couchée, son corps se cou-
vrit en divers endroits d'œdèmes froids avec dépilation et suintement
d'odeur désagréable. Sa présence dans l'appartement étant devenue désagréable, on la fit abattre, mais je ne fus pas appelé à en pratiquer l'autopsie. Ces jours derniers encore, le propriétaire me rappelait que l'opération avait « admirablement réussi ».

Expérience IV (11 avril 1902). — Sur les conseils d'un confrère, M. D. L.,
industriel à Brouillebas, près Limoges, me présente une forte chienne des
Pyrénées, âgée de sept ans. Cette bête est dans un état extrême de mai-
greur et d'émaciation ; ses deux flancs se touchent ; son poil hérissé tombe
par plaques ; les yeux chassieux sont enfoncés dans l'orbite ; la conjonctive est d'une paleur cadavérique ; c'est à peine si elle peut marcher en
vascillant sur son train postérieur. Elle porte à la quatrième mamelle
gauche une énorme tumeur largement pédiculée, dure, bosselée, non
ulcérée. A sa surface, le tégument distendu est rose violacé. Du pédicule
de la néoplasie s'irradient, sous la peau, des cordons noueux semblables
à des cordes farcineuses. Des nodules secondaires, de la grosseur d'une
noisette à celle d'une noix, existent : l'un dans la troisième mamelle
droite ; l'autre entre celle-ci et la mamelle postérieure voisine, et un
troisième, entre les cinquième et sixième mamelles gauches. Cependant,
les ganglions inguinaux ne paraissent pas atteints. Il n'est pas douteux,
néanmoins, qu'on se trouve en présence d'une néoplasie maligne en voie
de généralisation. En raison de l'extrême gravité du cas, surtout de l'état
de débilité du sujet, j'hésite à intervenir ; mais comme on me déclare
qu'on va le faire abattre, je me décide.

A quatre heures de l'après-midi du même jour, je procède donc à l'extraction de la tumeur principale. Après avoir incisé la peau autour du
pédicule, je ligature les grosses veines mises à découvert. Le pédicule
lui-même, qui supporte des vaisseaux très importants, est ligaturé également avec un gros fil de soie au ras de la tunique abdominale, puis
rompu par torsion lente. Les cordons noueux qui s'irradient de la tumeur
sont arrachés presque entièrement en même temps qu'elle.

L'opération n'a donné lieu qu'à une perte insignifiante de sang très
décoloré et assurément fort pauvre en hématies. La plaie est badigeonnée de vésicatoire jusqu'au fond de ses culs-de-sacs ; j'y introduis trois
plaques de coton hydrophile recouvertes du même onguent, puis je la

ferme au moyen de dix sutures provisoires. Bien que l'intervention ait été très rapide, la chienne est presque un cadavre lorsqu'on la porte dans la niche. Comme j'avais tout lieu de craindre qu'en raison de son état de faiblesse extrême, la bête succombât au cours de l'opération, l'extraction des nodosités secondaires fut remise à une date ultérieure, sans aucun espoir, je l'avoue, d'avoir à lui faire subir la seconde épreuve.

La tumeur pèse 910 grammes. Elle est d'une consistance dure, noueuse. Au centre, se trouve une petite cavité contenant une matière séro-purulente. L'écorce a l'apparence festonnée d'un chou-fleur. Des produits de raclage sont immédiatement utilisés à des essais de transmission sur d'autres chiens. Une partie est mise dans l'alcool pour l'analyse micrographique qui, faite ultérieurement, a établi que la néoplasie était un *carcinome*.

Le lendemain 12, la chienne ne paraît pas trop affaissée, car à plusieurs reprises on lui a fait prendre à la cuiller du vin chaud sucré qu'elle accepte bien. Le pouls est à 39°4. Le soir, elle boit le lait, mais refuse les petits morceaux de viande crue qui lui sont présentés. Elle sort même de la niche, très péniblement il est vrai, et va faire quelques pas dans la cour. Les parois abdominales ont conservé leur souplesse. L'urine, évacuée lors de sa sortie, est seulement chargée, safranée ; mais à la suite de la miction, pendant que la bête est encore accroupie, je vois sortir de la vulve une matière glaireuse, sanieuse, noirâtre, d'odeur infecte et pénétrante.

Le 13, l'écoulement vulvaire observé la veille persiste et je remarque un peu de diarrhée de même aspect. Cependant, l'état général est le même. Avec des pinces, je retire les boulettes de coton de la plaie ; elles sont enduites de sanie odorante.

Le 15, au matin, je détache les sutures pour vérifier l'état de la plaie. Il s'en échappe des parcelles mortifiées avec une sanie très odorante. Des lambeaux sphacélés sont encore adhérents vers le fond. L'écoulement vulvaire persiste. Je déterge la plaie à l'eau phéniquée et je la referme après y avoir introduit un tampon de coton imbibé de la solution. J'utilise également celle-ci pour une injection vaginale. Pouls, 140 ; respiration, 22 ; température, 39°5. La chienne boit bien le lait. Dans la soirée, par contre, elle paraît très affaissée et je crains qu'elle ne passe pas la nuit.

Le lendemain matin, 16, je suis tout surpris de ne pas trouver la chienne morte et d'observer, au contraire une amélioration-générale très apparente. En effet, à mon arrivée, elle se lève et sort de la niche pour aller faire ses besoins. L'urine paraît normale ; la diarrhée a disparu et l'écoulement vaginal est devenu à peine odorant et plutôt d'aspect muco-purulent. Je constate 130 pulsations, 20 respirations et 38°7 de température. Dans la journée, elle consomme trois litres de lait. Le soir, je renouvelle le pansement phéniqué. Les lambeaux sphacélés sont détachés et la plaie a meilleur aspect.

Le 17, le mieux s'accentue très sensiblement. La bête se promène et elle accepte pour la première fois de manger des morceaux de viande crue. La plaie a bonne apparence ; elle bourgeonne normalement.

Le 20, je remarque à la troisième mamelle droite, atteinte d'un noyau secondaire, une tuméfaction chaude, douloureuse et fluctuante. Je l'ouvre au bistouri et il s'en écoule environ un demi-verre de pus de mauvais aspect. Toutefois, l'amélioration générale persiste.

Le 22, j'observe que la plaie d'ouverture de l'abcès s'est élargie et ulcérée. Le 23, elle a acquis 3 à 4 centimètres de diamètre, s'est arrondie

et son pourtour est garni de bourgeons d'aspect blafard. Il existe également sur le trayon de la cinquième mamelle droite un autre abcès recouvert d'une simple pellicule épidermique sur le point de se rompre. Je
l'ouvre largement au bistouri et il s'en écoule une matière semblable à
celle du premier. Bien que l'état général se soit amélioré considérablement, je redoute une généralisation rapide et précipitée, aussi je n'hésite
pas à avoir recours à une nouvelle intervention énergique. — La plaie
principale, quoique ayant belle apparence, reçoit un nouveau badigeonnage de vésicatoire. Les deux poches des abcès ouverts sont bourrées
chacune d'un tampon de coton très copieusement enduit du même onguent,
avec lequel je frictionne également les bords de l'ouverture ulcérée.

A partir du 25, l'amélioration locale se manifeste franchement. La plaie
primitive se comble et se rétrécit, tout en conservant un très bon aspect.
Les ulcérations de la plaie d'ouverture du premier abcès disparaissent,
faisant place à un bourgeonnement de bonne nature. L'induration de
cette mamelle disparaît, bien que la nodule néoplasique persiste. L'état
général fait des progrès de plus en plus satisfaisants. En somme, dès
le 27, je commence à reprendre espoir.

Enfin, le 11 juin, voyant que l'état de l'animal est excellent, que l'émaciation musculaire disparaît, que la gaîté est revenue, puisqu'il me caresse,
saute et trotte, ce qu'il avait été incapable de faire jusqu'alors, j'estime
que je puis sans inconvénient achever l'intervention chirurgicale et enlever les néoplasies secondaires restantes, dont l'extirpation avait été
remise par suite de ma conviction que l'opération complète n'aurait pu
être supportée.

Le premier noyau étant inclus dans la glande, j'enlève celle-ci complètement. Les deux autres sont simplement énucléés. La grande plaie est
badigeonnée au pinceau de vésicatoire ; un tampon de coton enduit d'onguent y est introduit, et je me borne à en rapprocher les bords avec deux
sutures seulement. Dans les deux autres petites cavités, j'introduis le
vésicatoire et en badigeonne l'intérieur avec le doigt, sans y ajouter du
coton ni pratiquer de suture.

Le lendemain 12, la chienne n'a que peu de fièvre et toujours bon
appétit. Ses excréments et son urine sont normaux. J'enlève le tampon
de coton de la grande plaie et je les badigeonne toutes trois à nouveau
au vésicatoire.

A mon grand étonnement, la plaie principale ne suppure presque pas,
mais bourgeonne admirablement ; les deux autres sont rapidement fermées. La bête ne s'est aucunement ressentie de cette seconde opération
et la cicatrisation normale des toutes les plaies s'effectue avec une rapi-
dité remarquable. A la fin du mois, tout est rentré dans l'ordre et il ne
reste pour ainsi dire pas trace des deux interventions successives. Je suis
littéralement émerveillé du résultat, mais je n'en conserve pas moins une
certaine appréhension pour l'avenir.

La chienne prit rapidement de l'embonpoint ; elle devint même très
grasse. A sa misérable fourrure hérissée, tombant par lambeaux, succéda
un joli pelage luisant, frisé. En somme, elle devint absolument méconn-
naissable et vraiment superbe. Très intelligente, elle ne savait comment
me témoigner sa reconnaissance. Ayant pris en affection un agneau que
mes enfants avaient élevé au biberon, elle le conduisait elle-même et
seule au pâturage le long du chemin, veillait à ce qu'aucun chien ne
s'approchât de lui et le ramenait à sa remise quand il lui faisait compren
dre qu'il voulait rentrer. Je m'étais très attaché à cette pauvre bête et
j'aurais bien voulu la garder ; mais son propriétaire, qui la croyait morte

depuis longtemps, ayant appris qu'elle était guérie, vint la voir et, tout enchanté, manifesta le désir de l'emmener. Je me suis toujours repenti de n'avoir pas songé à la faire photographier avant l'intervention et après la guérison, afin de conserver une preuve frappante du contraste.

Je recommandai instamment à M. D. L... de m'aviser non seulement au cas où il se produirait une rechute, mais encore si la bête venait à succomber à n'importe quelle affection, de façon a être assuré d'en faire l'autopsie.

J'eus l'occasion de la revoir dans le courant de l'été 1903 ; elle était toujours en bon état. Au printemps elle avait eu des chiens et en avait nourri deux très facilement. Malgré la plus minutieuse exploration je ne trouvai aucun noyau néoplasique dans ses mamelles.

Enfin, en juillet 1904, j'étais informé par lettre que la chienne venait de succomber après deux jours seulement de maladie. Je me rendis de suite sur les lieux pour faire l'autopsie. L'aspect général du cadavre indique bien que la bête n'a pas longtemps souffert, son état d'embonpoint étant satisfaisant. L'abdomen est très ballonné. A son ouverture il s'échappe une certaine quantité de sérosité rougeâtre d'odeur désagréable. Il existe des lésions très intenses de péritonite aigüe. L'utérus, très distendu, recèle, avec des gaz et une grande quantité de liquide infect, quatre fœtus à terme, dans un état complet de décomposition. L'un de ces fœtus se trouve en travers de l'ouverture légèrement entr'ouverte du col utérin. La chienne a donc succombé à une métro-péritonite septique.

Je porte ensuite mon investigation sur tous les organes successivement; dans aucun je ne trouve trouve trace de néoplasie, ni d'altération quelconque. Les mamelles restantes sont souples et ne recèlent aucun noyau, aucune granulation. Le tissu cicatriciel des plaies est essentiellement fibreux. Au voisinage de la plaie d'opération de la tumeur principale, je retrouve sous la peau deux petites granulations de la grosseur d'un grain de chènevis, constituées uniquement par du tissu fibreux densifié. Ces deux petits noyaux se trouvaient à l'extrémité des cordes noueuses dont j'ai parlé plus haut; mais comme ils avaient subi une importante régression après la première opération, je n'avais pas cru devoir les extraire; ils étaient donc restés stationnaires depuis et ils avaient subi la transformation fibreuse la plus complète comme le tissu cicatriciel des plaies elles-mêmes.

Si les résultats des trois premières expériences m'avaient beaucoup surpris, cette guérison miraculeuse laissa, je l'avoue, dans mon esprit une profonde impression.

Expérience V (20 juin 1902). — M. Ch..., avocat, me fait présenter une chienne de chasse, âgée de douze ans, en bon état, atteinte à la première mamelle abdominale gauche d'une tumeur dure, bosselée, irrégulière et rattachée aux parois du ventre par un très large pédicule. A quelques centimètres en avant de la néoplasie se trouve un noyau secondaire sous-cutané de formation récente, de la grosseur d'une noisette.

Dans l'après-midi j'opère l'extraction de la tumeur par le même procédé que dans les autres cas et j'enlève également le nodule voisin, mais en blessant une petite veine, ce qui occasionne une légère hémorragie réprimée par la torsion du vaisseau atteint. Après avoir nettoyé les plaies à sec, j'utilise une partie du restant du pot de vésicatoire qui m'a servi dans l'opération précédente pour les badigeonner au pinceau. Mais comme il reste trop peu de la préparation pour en enduire les tampons de coton, j'applique ceux-ci à sec et je ferme la plaie principale avec dix sutures.

Dans la soirée, la bête accuse peu de fièvre et elle boit bien le lait qui lui est présenté.

La grosse néoplasie, lobée, a une consistance très ferme ; sa coupe très homogène est d'un gris vineux. Des produits de râclage prélevés aussitôt après l'extraction sont utilisés à des essais de transmission et la pièce elle-même est conservée dans l'alcool. Les préparations micrographiques faites ultérieurement ont montré qu'il s'agissait d'un *épithélioma* glandulaire type.

Le 21, à quatre heures, je détache les sutures et j'enlève le coton ainsi que de forts caillots sanguins retenus au fond de la plaie. Je procède au nettoyage à l'eau phéniquée et je tamponne avec des compresses de coton imbibées de la même solution. La chienne ne semble point fatiguée, elle conserve son appétit ; on lui donne du lait et de la viande de cheval crue. Les excréments et l'urine sont normaux.

Le 23, après avoir enlevé le pansement et nettoyé la plaie, je remarque qu'elle a bel aspect ; elle suppure peu et bourgeonne très régulièrement. Un badigeonnage est fait avec le restant du vésicatoire. Je rapproche les sutures sans laisser de tampon dans la poche. Quant à la plaie secondaire, ses bords sont déjà soudés. La bête est très gaie ; elle sort, boit et mange comme d'habitude.

Les jours suivants la cicatrisation suit normalement son cours. Le 27, j'enlève les points de suture ; les bords de la plaie se maintiennent bien rapprochés. Après un pansement sommaire la chienne est reprise par son propriétaire. Quelques jours plus tard, ayant demandé de ses nouvelles, on me fait savoir que la plaie est presque entièrement cicatrisée.

Le 8 mai 1903, on me ramène la chienne qui, depuis quelque temps a maigri. Elle est essoufflée pendant la marche et elle accuse une certaine faiblesse du train postérieur. Naturellement, j'examine tout d'abord ses mamelles et je n'y trouve aucune trace de tumeur. Comme la bête est vieille (treize ans) et qu'elle ne pourra plus chasser, on désire la faire abattre, ce dont on a tenu à me prévenir, puisque j'avais manifesté l'intention d'en faire l'autopsie le cas échéant.

L'estomac, les intestins, le foie et tous les ganglions abdominaux sont normaux. Mais l'appareil génital apparaît de suite avec des lésions assez curieuses. L'ovaire droit est constitué par une agglomération de kystes énormes, alvéolés, à liquide clair. Les cornes de la matrice présentent également sur toute leur surface extérieure des kystes de toutes grosseurs, la plupart rattachés aux parois par des pédicules plus ou moins allongés. Leur contenu est semblable à celui des kystes ovariens. Bien que la chienne ait été en rut il y a environ six semaines, je ne trouve pas de fœtus. Au niveau du corps de l'utérus la muqueuse est saine, mais l'incision longitudinale des cornes et des oviductes laisse échapper une sorte de sanie purulente répartie dans des poches créées par la compression du canal intérieur par les kystes non pédiculés développés dans les parois. Je ne rencontre cependant pas trace de néoplasie, mais seulement des lésions du métrite localisée et de salpingite. Le rein droit porte aussi un petit kyste de la grosseur d'une noisette dans sa couche corticale. Le rein et l'ovaire gauches sont sains.

Dès l'ouverture de la poitrine, j'aperçois un poumon énorme, à surface bosselée, remplissant la cage thoracique. L'organe est représenté pour

ainsi dire par une agglomération de tumeurs de la grosseur d'un œuf de
pigeon à celle d'un œuf de poule, séparées par des travées plus ou moins
réduites de tissu pulmonaire normal. Toutes ces néoplasies ont une coupe
grisâtre, ferme, homogène. Le cœur et les gros troncs sanguins n'offrent
rien de particulier. Mais, ce qui me surprend fort, c'est de trouver les
ganglions prépectoraux, médiastinaux et dorsaux avec leur volume ordinaire, sans aucune trace d'infiltration ou d'altération. Les tumeurs pulmonaires sont absolument de même nature que la néoplasie mammaire
primitive.

Il est incontestable que l'infection pulmonaire a été secondaire. Ce qui
est remarquable, c'est la localisation sur ce seul organe, sans trace
d'altération du système ganglionnaire. Il faut donc admettre que c'est
par la voie sanguine que cette infection s'est produite, probablement par
la veine sous-cutanée thoracique dont les divisions mammaires qui
desservaient la glande et les tumeurs extirpées ont dû servir de portes
d'entrée à des éléments néoplasiques par leurs abouts sectionnés.

L'insuccès de cette expérience ne m'a pas surpris outre mesure ; car,
bien que le cas fut beaucoup moins grave que le précédent, j'aurais dû,
lors de mon intervention, prendre absolument les mêmes précautions
minutieuses ; j'eus le tort de m'en dispenser. N'ayant point ligaturé les
veines superficielles, ni les vaisseaux du pédicule, j'eus une hémorragie
consécutive, peu importante il est vrai, qui avait été évitée dans les autres
cas. D'un autre côté, j'ai été trop parcimonieux dans les applications de
vésicatoire ; pourtant les assistants de mes expériences antérieures
avaient cru bon de m'en faire l'observation. Au lieu d'appliquer des tampons revêtus d'onguent, je me bornai à deux simples badigeonnages, et
l'action du premier, le plus important a pu être annihilée par l'hémorragie qui s'est déclarée peu après son application. Peut-être aurais-je eu
un insuccès, lors même que j'eusse pris toutes précautions, mais au
moins il ne me resterait ni doute, ni regret.

Étant donné : d'une part, que la terminaison fatale des néoplasies
mammaires malignes (carcinomes et épithéliomes) non extraites est la
généralisation à plus ou moins brève échéance, avec ses conséquences ;
d'autre part, qu'à la suite de l'extirpation la récidive est la règle, lorsque
des noyaux secondaires existent déjà, l'action du vésicatoire ne semble
pas douteuse dans les quatre premières expériences. Sans être enthou-
siaste irréfléchi, je crois sincèrement à l'action énergique de cette sorte
de pansement. A la suite des trois premiers essais, j'étais encore per-
plexe, mais les résultats inespérés de la quatrième tentative m'ont
convaincu. Il est regrettable que le nombre des expériences soit si res-
treint, mais il n'a certes pas dépendu de moi qu'il fut plus important (1) ;

____

(1) Vers la même époque je fis, par l'intermédiaire d'un grand journal de sports,
une nouvelle demande de sujets. Je reçus quelques offres de propriétaires très
éloignés qui, sans doute méfiants, ne se contentaient point des soins et de la nourriture gratuits, mais voulaient que les frais de transport de leur animal restassent
à ma charge. Je ne fus point tenté de souscrire à ces exigences, parce que le crité-
rium de l'autopsie me faisait alors défaut.

aussi ne saurais-je trop engager mes confrères et surtout nos professeurs de clinique à les poursuivre. Elles ont du moins prouvé suffisamment que les risques d'infection cantharidienne sont peu à redouter chez les chiennes, même à la suite d'applications intempestives réitérées de vésicatoire camphré sur les plaies de grande surface. Au reste, les essais ont l'avantage de porter sur des sujets considérés généralement comme sacrifiés ; l'essentiel est de ne point les perdre de vue et de pouvoir les autopsier.

L'action dissociante et destructive du vésicatoire sur le tissu néoplasique obtenue par l'application directe sur celui ci s'explique difficilement et l'on ignore si elle est due à la cantharide ou à l'euphorbe. On est tenté de croire que l'élément néoplasique, de moindre résistance, est détruit, puis éliminé par la réaction inflammatoire des éléments sains stimulée par la cantharidine et qu'il se produit un phénomène analogue à celui qu'on observe à la suite de l'application du même topique dans les plaies ou les fistules entretenues par des caries ou des nécroses.

L'action anti-récidive post-opératoire du même traitement se comprend mieux, surtout si l'on admet qu'il existe autour de chaque néoplasie une zone suspecte, tout au moins prédisposée à l'infection, dont les lacunes lymphatiques ou les éléments recèlent peut-être déjà des granulations ou autres germes infectieux appelés, soit à évoluer sur place, soit à être entraînés par la circulation lymphatique. Alors l'écoulement si abondant de lymphe qui se produit à la suite du pansement exercerait une sorte de dépuration locale, en éliminant ces produits dont la résorption déterminera l'infection secondaire. A cette action s'ajouterait une sorte de surexcitation vitale et phagocytaire.

Mais à quoi bon me laisser entraîner à une discussion hypothétique et prématurée, puisque j'estime d'ailleurs qu'il importe d'attendre que de nouvelles observations viennent confirmer les résultats encourageants que j'ai obtenus.

Limoges. — Imprimerie Ducourtieux et Gout, 7, rue des Arènes.

www.ingramcontent.com/pod-product-compliance
Ingram Content Group UK Ltd.
Pitfield, Milton Keynes, MK11 3LW, UK
UKHW031811170726
13836UKWH00003B/1329